Harold Adjarko
Joshua Ayarkwa
Kofi Agyekum

Incorporação de questões de sustentabilidade ambiental na construção

Harold Adjarko
Joshua Ayarkwa
Kofi Agyekum

Incorporação de questões de sustentabilidade ambiental na construção

ScienciaScripts

Imprint

Cover image: www.ingimage.com

This book is a translation from the original published under ISBN 978-3-659-85479-8.

Publisher:
Sciencia Scripts
is a trademark of
Dodo Books Indian Ocean Ltd. and OmniScriptum S.R.L publishing group

120 High Road, East Finchley, London, N2 9ED, United Kingdom
Str. Armeneasca 28/1, office 1, Chisinau MD-2012, Republic of Moldova, Europe
Managing Directors: Ieva Konstantinova, Victoria Ursu
info@omniscriptum.com

Printed at: see last page
ISBN: 978-620-8-50806-7

Índice:

RESUMO

Os contratos públicos representam 50 a 70% das importações e cerca de 80% das despesas públicas. Qualquer melhoria no sistema de contratos públicos pode ter um efeito benéfico direto na economia e no ambiente. Este enorme poder de compra do governo pode ser aproveitado para promover práticas ambientalmente sustentáveis no sector da construção a nível distrital, aumentando o nível de requisitos ambientais nos contratos públicos. As considerações ambientais nos contratos públicos têm estado na agenda internacional desde a conferência de 1992 no Rio e a Cimeira Mundial sobre Desenvolvimento Sustentável em Joanesburgo em 2002. No Gana, o governo criou um grupo de trabalho sobre contratos públicos sustentáveis em 2008. A função do grupo de trabalho incluía, entre outras coisas, a elaboração de um plano de execução, a identificação de contratos públicos com problemas de sustentabilidade, a definição de indicadores para medir as operações e o impacto dos contratos públicos sustentáveis e a mobilização de apoio orçamental para actividades de contratos públicos sustentáveis. No entanto, até à data, existe pouca investigação sobre o impacto desta iniciativa nos contratos públicos de construção a nível da administração local. O objetivo deste estudo foi explorar os factores que determinam a incorporação de questões de sustentabilidade ambiental nos contratos públicos de construção nas Assembleias Metropolitanas, Municipais e Distritais (AMMD). O método de recolha de dados escolhido foi um questionário, distribuído a engenheiros distritais, avaliadores de quantidades, responsáveis pelas aquisições e responsáveis pelo ambiente, selecionados propositadamente nos vinte e dois (22) distritos da região ocidental do Gana, com base nas experiências de outros estudos. Os dados recolhidos no inquérito foram posteriormente analisados, utilizando a técnica de análise de factores, o teste t de uma amostra e estatísticas descritivas. Os resultados revelaram que, embora os inquiridos estivessem conscientes do impacto das actividades de adjudicação de contratos de construção no ambiente, não prestam atenção à resolução destas questões através do processo de adjudicação. Além disso, apesar de cada distrito ter leis ambientais e muitas outras leis ambientais nacionais, estas leis raramente são incorporadas no processo de aquisição de construção. Foi identificado que a Influência Pública, as Competências Pessoais, a Influência da Liderança e a Cultura Ambiental eram os principais factores que impulsionavam a incorporação da sustentabilidade ambiental na contratação pública de construção a nível distrital atualmente. Os principais desafios para a incorporação de questões de sustentabilidade ambiental na contratação de construção foram identificados como: Falta de Sensibilização, Falta de Estratégia, Fraco Apoio à Gestão, Fraca Comunicação e Documentação e Processos Complexos. Isto sugere que o governo deve assumir o papel de liderança na prestação de orientação jurídica através da Autoridade de Contratação Pública. As conclusões deste estudo são importantes para a elaboração de uma estratégia para promover a incorporação de questões de sustentabilidade ambiental na contratação pública de construção a nível distrital e, posteriormente, a nível nacional a longo prazo.

CAPÍTULO 1

INTRODUÇÃO

1.1 Contexto do estudo ф

Antes da década de 1970, havia uma preocupação crescente a nível mundial com os perigos que as actividades humanas representavam para o ambiente. No entanto, não existiam sistemas conhecidos para responder a estas preocupações crescentes. Pode dizer-se que a proteção do ambiente no Gana remonta à era colonial. As leis então existentes estavam sobretudo relacionadas com a prevenção e o controlo de doenças. E eram frequentemente aplicadas nas cidades maiores, onde se encontravam os funcionários do governo e as fábricas. Uma das primeiras leis existentes nos nossos livros de estatutos, por exemplo, é a Portaria sobre a Obstrução das Praias (Cap 240) de 29 de janeiro de 1897. Após a independência, foram aprovadas várias leis para ajudar a jovem nação a desenvolver as suas capacidades industriais. No entanto, a proteção do ambiente tornou-se um tema de atualidade no Gana após a Convenção de Estocolmo de 1972, que orientou a criação da Comissão Mundial para o Ambiente e o Desenvolvimento (WCED) e a adoção do Protocolo de Mantred e da Convenção de Basileia (Corbett e Kirsch, 2001). Isto levou à criação do Conselho de Proteção do Ambiente (CPA) em 1974, com o objetivo de enfrentar os desafios ambientais emergentes. O CPA foi criado pelo Decreto do Conselho de Proteção do Ambiente de 1974 (Decreto do Conselho Nacional de Redenção, número 239, NRCD 239) e foi inaugurado em 4 de junho de 1974. Foi-lhe atribuída a responsabilidade de coordenar todas as questões ambientais no país e de aconselhar o governo em todos os assuntos relacionados com o ambiente (Yeboah e Mensah, 2014). Apesar disso, foram necessárias outras iniciativas, uma vez que o EPC não conseguiu travar os problemas ambientais crescentes no país.

No ano de 1976, o decreto do Conselho de Proteção Ambiental de 1974 (NRCD239) foi alterado pelo Decreto do EPC (Alteração) de 1976 (Conselho Distrital Sub-Metropolitano, SMCD 58). A alteração conduziu a muitas realizações importantes, que incluem a preparação do Plano Nacional de Contingência para Derrames de Petróleo, em 1985, mais de duas décadas antes de o Gana ter descoberto petróleo em quantidades comerciais, e o Plano Nacional de Ação de Combate à Desertificação, em 1986 (Yeboah e Mensah, 2014). Apesar destas realizações do EPC, a tarefa de proteção ambiental permaneceu embrionária no país.

Foi a Cimeira da Terra de 1992, realizada em Bio-de-janeiro, que gerou um compromisso mundial para com o ambiente, de acordo com Yeboah e Mensah (2014). A primeira norma de sistemas de gestão ambiental do mundo, a BS 7750, nasceu nesse ano. A Organização Internacional de Normalização (ISO), da qual o Gana é um membro ativo, desenvolveu a série ISO 14000 em 1996 para promover um compromisso ambiental voluntário para todos os tipos e dimensões de organizações (Hewitt e Gary, 1998).

Na sequência destes desenvolvimentos a nível mundial, o Gana deu um grande passo em frente com a criação da EPA, em 31 de dezembro de 1994, através da Lei da Agência de Proteção do Ambiente (Lei 490). A Lei 490 confere à APE o mandato de regulamentar o ambiente e assegurar a aplicação das políticas governamentais em matéria de ambiente. A lei obriga a EPA a melhorar e preservar ad infinitum o ambiente do país, procurando simultaneamente soluções para as questões ambientais globais (Yeboah e Mensah, 2014).

Não obstante estes enormes progressos ambientais que foram feitos no Gana nos últimos 40 anos, há ainda provas de iliteracia ambiental grosseira entre os intervenientes nas indústrias da construção, da indústria transformadora e dos contratos públicos. Por exemplo, na construção, é comum a destruição da vegetação natural, bem como a utilização indevida de terrenos (por exemplo, construção em cursos de água); na indústria transformadora, há geralmente uma eliminação inadequada de resíduos e um armazenamento e utilização inadequados de produtos químicos que causam poluição e emissões nocivas; e no aprovisionamento, a compra de produtos pouco amigos do ambiente, só para mencionar alguns (Opintan-Baah et al, 2011; Ayarkwa et al, 2010; Gbedemah, 2004). Isto exige que se procurem outras alternativas para a gestão do ambiente que complementem o trabalho da APE. É evidente que a APE, por si só, não pode vencer a batalha contra o ambiente.

A aquisição sustentável foi identificada por alguns investigadores como uma das principais alternativas (Tse, 2001, UNCHS, 1993, Ofori, 1992). Por exemplo, investigadores como Selih (2007), Inno (2005) e Pun et al. (2002) identificaram que, num futuro previsível, a procura dos clientes e a concorrência comercial serão a razão dominante para impulsionar questões ambientalmente sustentáveis.

As Diretrizes das Nações Unidas para a proteção dos consumidores alargada (1999) fornecem o mandato e a base jurídica para o trabalho sobre contratos públicos sustentáveis. A Agenda 21 centra-se nas políticas de aquisição dos governos e o ponto 54 das Diretrizes afirma que "os governos e as agências internacionais devem assumir a liderança na introdução de práticas sustentáveis nas suas próprias operações, em especial através de políticas de aquisição" (Nações Unidas, 1999). Qual é o nível de incorporação de questões ambientais sustentáveis nos contratos públicos no Gana?

1.2 Declaração do problema

Na maior parte dos países, as organizações públicas têm cada vez mais o dever de minimizar os impactos sobre o ambiente (Strandberg, 2002; McWilliams e Siegel, 2000). Isto deve-se ao facto de as actividades de construção, especialmente os edifícios, empreendidas por organizações públicas contribuírem para a degradação ambiental de várias formas, como o esgotamento de recursos, o consumo de energia, a poluição do ar, a criação de resíduos, etc. (Opintan-Baah et al., 2011; Ayarkwa et al., 2010; Chavan, 2005; Ofori, 1998). A nível mundial, os edifícios são responsáveis por 20% do consumo de água doce, 25% da extração de madeira, 40% das emissões de CO_2, 40% da utilização de energia e 30% da utilização de matérias-primas (Seneviratne, 2011). Kein et al. (1999) constataram que o consumo de matérias-primas da indústria da construção conduz a uma grande degradação ambiental, uma vez que os consumos não são renováveis. De acordo com Spence e Mulligan (1995), a construção contribui para a perda de florestas porque as matérias-primas são consumidas e irreversivelmente convertidas em madeira ou outras matérias-primas para actividades de construção; as terras florestais ou agrícolas são alteradas devido à urbanização ou a outros projectos de desenvolvimento, na sua maioria iniciados pelo governo. Muitos investigadores recentes identificaram os contratos públicos como uma ferramenta importante para aumentar os esforços de proteção ambiental dos governos, mas é evidente que nenhum dos principais estudos sobre a gestão dos contratos públicos de construção identificou as questões de sustentabilidade ambiental como critérios-chave para a seleção do método de contratos públicos de construção (Gamage, 2011).

Curiosamente, um estudo realizado por Adetunji et al. (2008) revelou que as práticas de contratação pública se têm centrado em grande medida no preço, enquanto o compromisso com as questões ambientais tem sido um ato de fé e não um resultado contratual (Poon et al., 2004). Gamage (2011) observou que nenhum dos principais estudos sobre gestão de contratos públicos identificou a sustentabilidade ambiental como critério-chave para a seleção do sistema de contratos públicos de construção. Do mesmo modo, Varnas et al. (2009) concluíram que os critérios ambientais nas avaliações dos concursos são menos comuns e raramente afectam as decisões de adjudicação. Além disso, Jaillon et al. (2009) revelaram que o sector da construção presta menos atenção às questões ambientais do que a outras questões como o custo de construção, o tempo de construção, a familiaridade com a tecnologia de construção e a disponibilidade de recursos.

Boyefio (2008) identificou os esforços da Autoridade de Contratos Públicos do Gana para abordar a sustentabilidade nos contratos públicos. No entanto, existe pouca literatura disponível sobre os progressos efectuados desde 2008 na promoção da construção sustentável do ponto de vista ambiental através da contratação pública. Estarão as organizações públicas do Gana a incorporar cláusulas de sustentabilidade ambiental nos seus contratos públicos? Esta investigação centrou-se no estudo do desempenho ambiental atual das actividades de adjudicação de contratos de construção nos distritos da região ocidental do Gana, a fim de descobrir os progressos realizados até à data.

1.3 Questões de investigação

1. Quais são as principais leis, regulamentos e normas relacionadas com o ambiente que afectam as actividades de construção no Gana?
2. Quais são as práticas actuais das instituições públicas na incorporação de questões de sustentabilidade ambiental nas suas várias actividades de aquisição?
3. Quais são os factores que determinam a incorporação de questões de sustentabilidade

ambiental nas práticas de contratação pública ao nível da assembleia distrital no Gana?

4. Quais são os desafios que se colocam à incorporação de questões de sustentabilidade ambiental nas operações de adjudicação de contratos de construção ao nível da assembleia distrital no Gana?

1.4 Objetivo

O objetivo desta investigação é explorar os factores que determinam a incorporação de questões de sustentabilidade ambiental na gestão dos contratos de construção a nível distrital no Gana.

1.5 Objectivos

A investigação procura atingir estes objectivos específicos:

1. identificar a legislação, os regulamentos e as normas fundamentais relacionados com o ambiente que afectam as actividades de construção no Gana.
2. identificar as actuais práticas de sustentabilidade ambiental nos contratos de construção ao nível da assembleia distrital na região ocidental do Gana.
3. identificar os factores que determinam a incorporação de questões de sustentabilidade ambiental nos contratos de construção ao nível da assembleia distrital na região ocidental do Gana.
4. identificar os desafios enfrentados pela incorporação de questões de sustentabilidade ambiental nas operações de aquisição de construção ao nível da Assembleia Distrital.

1.6 Importância do estudo

A gestão ambiental tornou-se o ponto de discussão em muitos países avançados e, gradualmente, várias indústrias nos países em desenvolvimento estão a trabalhar para melhorar os seus desempenhos ambientais através do estabelecimento de um sistema de gestão ambiental eficaz, a fim de alcançarem uma melhor reputação (Gonzalez-Benito e Gonzalez-Benito, 2005). Os progressos realizados no sector da construção no Gana parecem ser muito reduzidos. As actividades de construção têm efeitos imensos no ambiente. Sabe-se que os edifícios são responsáveis por elevadas emissões de carbono, elevado consumo de água, elevada quantidade de resíduos depositados em aterros e elevada utilização de matérias-primas (HM Government, 2008). O processo de construção altera e causa perturbações no ambiente natural. No entanto, é possível minimizar os danos ao ambiente através da forma como os edifícios e as infra-estruturas são concebidos e adquiridos.

A incorporação de questões de sustentabilidade ambiental no processo de aquisição permite reduzir os correspondentes impactos no ambiente (Ball, 2005). Com diretrizes eficazes para incorporar as questões ambientais no processo de aquisição, os edifícios podem ser adquiridos de modo a serem mais eficientes em termos de energia e de água, a utilizarem menos recursos ao longo da vida do projeto acabado, a serem flexíveis e adaptáveis tanto em termos de utilização como de condições externas, como o clima, e a proporcionarem melhores resultados para todos os envolvidos, ou seja, projectistas, promotores, entidades adjudicantes, consultores e utilizadores finais.

A investigação é, por conseguinte, necessária para destacar as questões, os requisitos e as responsabilidades necessárias para promover resultados ambientais mais adequados nos projectos de construção. Identifica o papel das partes interessadas, tais como o governo, os responsáveis pelas aquisições das instituições do sector público, os fornecedores, os empreiteiros e os prestadores de serviços, no sentido de adquirirem soluções respeitadoras do ambiente que ofereçam um valor igual ou superior ao das formas tradicionais ao longo da sua vida. A investigação também explora formas de os requisitos de gestão ambiental serem contratualmente aplicáveis sempre que possível e estarem de acordo com medidas objectivas com as partes interessadas, de modo a que o incumprimento seja destacado e as acções corretivas rapidamente identificadas.

1.7 Âmbito da investigação

Há uma série de questões de contratos públicos sustentáveis, tais como os direitos económicos, os direitos humanos, a saúde e a segurança e as práticas comerciais justas que podem ser incorporadas na gestão dos contratos públicos, mas esta investigação procurou estudar as questões de sustentabilidade ambiental que podem ser incorporadas nos contratos públicos de construção nas Assembleias Distritais da Região Ocidental do Gana. Os factores que impulsionam a incorporação de questões de sustentabilidade ambiental nos contratos públicos de construção e os desafios na incorporação de questões de sustentabilidade ambiental na gestão dos contratos públicos de construção foram o foco principal do estudo.

1.8 Metodologia de investigação

Foi utilizada uma fonte secundária de dados para atingir o objetivo de identificar a legislação, os regulamentos e as normas fundamentais relacionados com o ambiente. As fontes secundárias de dados incluíam livros, revistas electrónicas e impressas publicadas e informações das partes interessadas sobre o ambiente no Gana. Isto ajudou a identificar a legislação e as normas ambientais fundamentais no Gana.

A fim de identificar as actuais práticas de sustentabilidade ambiental na aquisição de construção ao nível das assembleias distritais, foram obtidos dados primários para obter uma visão geral das actuais práticas de gestão ambiental por parte das entidades de aquisição nas assembleias distritais. Investigação Os instrumentos incluíram um questionário para recolher os dados primários. Este combinava perguntas fechadas e abertas. O questionário foi administrado a responsáveis pelas aquisições, responsáveis pelo ambiente, engenheiros distritais e inspectores de quantidades em dezanove (19) dos vinte e dois (22) distritos da Região Ocidental do Gana.

A literatura foi revista e foi concebido e administrado um inquérito por amostragem com questionários para obter dados empíricos sobre os factores que determinam a incorporação de questões de sustentabilidade ambiental nos contratos de construção a nível distrital.

Foi novamente realizado um estudo empírico sobre os factores relacionados com a incorporação de questões de sustentabilidade ambiental e os desafios que se colocam à incorporação de questões de sustentabilidade ambiental nos contratos de construção a nível distrital. Isto foi conseguido através de um inquérito por questionário estruturado com as principais partes interessadas na contratação pública e nas questões ambientais a nível distrital. Foi adoptada uma análise de factores utilizando o SPSS para agrupar os factores e desafios identificados. Foi utilizado o raciocínio dedutivo para chegar a conclusões na análise final.

1.9 Organização do estudo

A investigação está organizada em cinco capítulos:

Capítulo 1 - O capítulo 1 introduz a investigação; enuncia o problema em que a tese se baseia e apresenta a definição do problema, a finalidade e os objectivos do estudo, o âmbito e a organização do estudo.

Capítulo dois - O capítulo dois analisa a literatura sobre gestão sustentável dos contratos públicos, gestão ambiental e informações conexas sobre contratos públicos relevantes para o âmbito da investigação identificado no capítulo um.

Capítulo três - O capítulo três descreve a metodologia, ou seja, o processo de recolha e análise de dados, as fontes de recolha de dados e as técnicas de análise dos dados recolhidos.

Capítulo quatro - O capítulo quatro é dedicado aos resultados e à discussão. Centra-se na forma como os dados foram analisados, interpretados e discutidos.

Capítulo 5 - O capítulo 5 é "Conclusões e recomendações" e trata do resumo, da conclusão e da recomendação do trabalho de investigação.

1.10 RESUMO DO PRIMEIRO CAPÍTULO

Este capítulo apresenta uma introdução ao estudo, o enunciado do problema, a finalidade e os objectivos e o significado da investigação. O âmbito da investigação e a metodologia desta investigação foram discutidos. O capítulo seguinte apresenta uma revisão da literatura relacionada.

CAPÍTULO 2

REVISÃO DA LITERATURA

2.1 Introdução

Este capítulo aborda os contratos públicos sustentáveis e as estruturas jurídicas relacionadas com a gestão ambiental e os contratos públicos de construção a nível distrital na região ocidental do Gana. Também são discutidos os factores que impulsionam a incorporação de questões ambientais nos contratos públicos e os desafios que afectam a incorporação de questões ambientais nos contratos de construção.

2.2 Panorama dos contratos públicos de construção sustentável no Gana

Pode dizer-se que o conceito de aquisição de construção sustentável está na sua fase embrionária no Gana. Existe pouca literatura disponível localmente sobre este assunto, no entanto, o estudo discute o assunto em termos gerais e aplica os pontos no contexto do Gana.

2.2.1 Definição de sustentabilidade

Berry e McCarthy (2011) explicam que a sustentabilidade consiste em encontrar um equilíbrio entre as necessidades económicas, sociais e ambientais. Defendem que a sustentabilidade consiste em adotar uma perspetiva de longo prazo ao tomar decisões para garantir que, ao satisfazer as nossas próprias necessidades, não estamos a comprometer as necessidades dos outros, hoje e no futuro. Além disso, implica assumir a responsabilidade pelos efeitos locais, regionais e globais do nosso modo de vida. A sustentabilidade surgiu porque se acredita que o desenvolvimento atual é insustentável do ponto de vista social e ambiental (Berry e McCarthy, 2011). Por conseguinte, a sustentabilidade consiste em fazer o que fazemos de uma forma que tenha um efeito mínimo no mundo.

2.2.2 Definição de aquisição sustentável

De acordo com o Departamento do Ambiente, Alimentação e Assuntos Rurais do Reino Unido, DEFRA, (2006), os contratos públicos sustentáveis são definidos como "um processo através do qual as organizações satisfazem as suas necessidades de bens, serviços, obras e utilidades de uma forma que permite obter uma boa relação qualidade/preço ao longo de todo o ciclo de vida, em termos de gerar benefícios não só para a organização, mas também para a sociedade e a economia". As aquisições sustentáveis devem ter em conta as consequências ambientais, sociais e económicas de: conceção; utilização de materiais não renováveis; métodos de fabrico e produção; logística; prestação de serviços; utilização; funcionamento; manutenção; reutilização; opções de reciclagem; eliminação; capacidades dos fornecedores para resolver estas consequências ao longo da cadeia de abastecimento (DEFRA, 2006).

A figura 2.1 mostra como os contratos públicos sustentáveis tentam encontrar o melhor equilíbrio entre os objectivos dos contratos públicos, minimizando os danos para o ambiente.

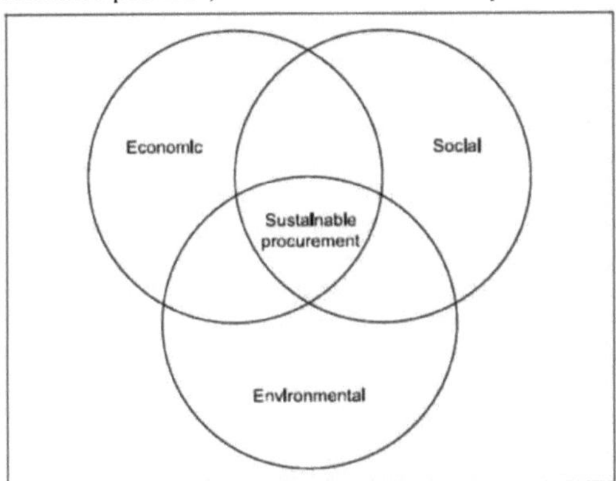

Figura 2. 1 Equilíbrio entre os objectivos de aquisição sustentável

Fonte: (British Standards Institution, 2010)

De acordo com o British Standards Institution (2010), ao integrar a sustentabilidade no processo de aquisição, devem ser tidos em conta quatro objectivos fundamentais:

a. minimizar a procura de recursos (por exemplo, reduzindo as compras, utilizando produtos eficientes em termos de recursos, tendo em conta o fim de vida, etc.);
b. minimizar quaisquer impactos negativos dos bens, obras ou serviços ao longo do seu ciclo de vida e através da cadeia de abastecimento (por exemplo, impactos na saúde, na qualidade do ar, etc.);
c. garantir a aplicação e o respeito de preços e condições contratuais justos e o cumprimento de normas mínimas em matéria de ética, direitos humanos e emprego;
d. proporcionando oportunidades às pequenas e médias empresas, às organizações do sector do voluntariado e apoiando igualmente o emprego, a diversidade, a formação e o desenvolvimento de competências (British Standards Institution, 2010).

2.2.3 Definição de contratos públicos de construção

A indústria da construção é um amplo conglomerado de indústrias e sectores que acrescentam valor na criação e manutenção de activos fixos no ambiente construído. A contratação pública na construção abrange vários aspectos da contratação pública no sector da construção. Abrange todas as categorias de aquisições normalmente encontradas noutros sectores industriais e não se limita às obras de construção. As aquisições no sector da construção incluem serviços, bens, obras de construção e alienações sob a forma de demolições e eliminação de materiais, instalações e equipamentos excedentários (Organização Internacional de Normalização, 2010).

2.2.4 Panorama da gestão dos contratos públicos no Gana

No ano de 1996, o Governo lançou o Programa de Reforma da Gestão das Finanças Públicas (PUFMARP) para melhorar a gestão global das finanças públicas no Gana (Adu, 2011). O Programa de Reforma da Gestão das Finanças Públicas (PUFMARP) identificou deficiências no sistema de contratos públicos, nomeadamente: ausência de uma política global em matéria de contratos públicos, inexistência de um organismo central com competências técnicas, ausência de funções, responsabilidades e autoridade claramente definidas para as entidades responsáveis pelos contratos públicos, inexistência de um regime jurídico global para salvaguardar os contratos públicos, inexistência de regras e regulamentos para orientar, dirigir, formar e controlar os contratos públicos, inexistência de um processo de recurso independente para responder às queixas dos proponentes, inexistência de autoridade para alienar bens públicos e inexistência de uma função independente de auditoria dos contratos públicos (Adu, 2011). Esta situação levou à criação do Grupo de Supervisão da Contratação Pública em 1999 para orientar a conceção de um programa abrangente de reforma da contratação pública. O resultado foi a elaboração de um projeto de lei sobre contratos públicos em setembro de 2002. A Lei da Contratação Pública de 2003 foi subsequentemente aprovada em 31 de dezembro de 2003 e está atualmente em vigor (Adu, 2011).

2.2.5 Quadro jurídico para os contratos públicos no Gana

O quadro jurídico dos contratos públicos no Gana inclui a Lei dos Contratos Públicos de 2003 (Lei 663), os Regulamentos dos Contratos Públicos, as Diretrizes, os Documentos Normalizados de Concurso e o Manual dos Contratos Públicos (Adu, 2011). A Lei dos Contratos Públicos de 2003 (Lei 663) cria a Autoridade dos Contratos Públicos, os Comités de Concursos e os Conselhos de Revisão dos Concursos. Especifica as regras para os procedimentos dos métodos de adjudicação de contratos, define também as infracções e as sanções aplicáveis. Os regulamentos relativos aos contratos públicos são emitidos pelo Ministro das Finanças em consulta com a PPA ao abrigo da secção 97 da lei e contêm regras e procedimentos pormenorizados para todos os aspectos do sistema de contratos públicos, tais como as operações da PPA e das entidades responsáveis pelos contratos públicos e a realização de actividades de contratos públicos. As Diretrizes são emitidas pela PPA ao abrigo da Lei e fornecem orientações suplementares sobre temas específicos, por exemplo, eliminação, aquisição de fonte única, margens de preferência. Os documentos normalizados do concurso são emitidos pela PPA e estão enumerados no Anexo 4 da Lei. São fornecidos documentos separados para o convite padrão e documentos de contrato para a aquisição de bens, obras e serviços (Adu, 2011). A Figura 2.1 apresenta o quadro jurídico dos contratos públicos no Gana.

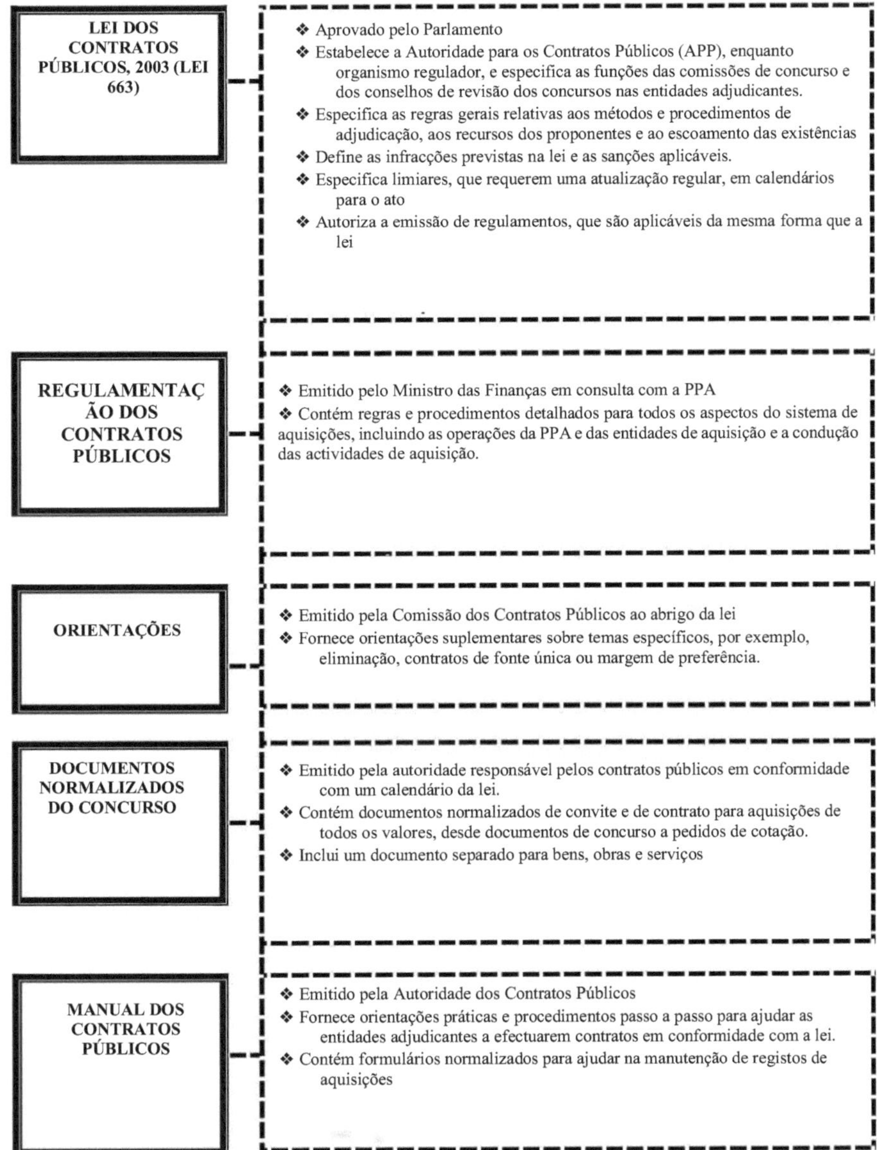

Figura 2. 2 Resumo do quadro jurídico dos contratos públicos no Gana Fonte: (Adu, 2011)

2.2.6 Definição de contratos públicos de construção no contexto do Gana

De acordo com o Manual de Contratação Pública (2003) da Lei 663, "Obras significa o trabalho associado à construção, reconstrução, demolição, reparação ou renovação de um edifício ou estrutura ou superfície e inclui a preparação do local, a escavação, a montagem, a instalação de instalações, a fixação de equipamento e a colocação de materiais, a decoração e os acabamentos, bem como qualquer atividade acessória no âmbito de um contrato de aquisição." O aprovisionamento pode ser definido como o processo que cria, gere e executa contratos (British Standards Institution, 2010). É descrito como uma sucessão de acções logicamente relacionadas que ocorrem ou são executadas de forma explícita e que culminam na conclusão de uma entrega importante ou na obtenção de um marco. Os processos envolvidos são sustentados por métodos que significam um conjunto documentado e sistematicamente ordenado de regras ou abordagens. Extrapolando a partir do Public Procurement Act 663, (2003) e do British Standards Institution (2010), a aquisição de construção é definida neste estudo como:

"uma sucessão de métodos e procedimentos logicamente relacionados que culmina com a conclusão dos trabalhos associados à construção, reconstrução, demolição, reparação ou renovação de um edifício ou estrutura ou superfície e inclui a preparação do local, a escavação, a montagem, a instalação de equipamento, a fixação de equipamento e a colocação de materiais, a decoração e os acabamentos, a demolição e a eliminação de bens e serviços excedentários e qualquer atividade acessória no âmbito de um contrato de construção."

De acordo com o British Standards Institution (2010), as actividades de aquisição de construção começam quando é identificada a necessidade de aquisição e terminam quando a transação é concluída.

2.2.7 Principais actividades na contratação pública de construção

De acordo com o British Standards Institution (2010), seis actividades principais estão associadas ao processo de adjudicação de contratos de construção, o que está de acordo com o processo de adjudicação de contratos descrito na Lei 663 (2003) do Gana relativa aos contratos públicos. Estas incluem:

- Estabelecer o que deve ser adquirido;
- decidir sobre as estratégias de aquisição em termos de contrato, preços e estratégia de seleção e procedimento de aquisição;
- solicitar ofertas de aquisição;
- avaliar as ofertas públicas de aquisição;
- Adjudicação do contrato; e
- Administrar contratos e confirmar a conformidade com os requisitos (British Standards Institution, 2010).

Estas actividades principais estão em conformidade com as previstas na Lei 663 (2003) relativa aos contratos públicos. As questões ambientais podem ser incluídas em qualquer uma destas actividades principais de contratação. As questões de sustentabilidade ambiental também podem ser inseridas no documento do concurso. As diretivas relativas aos contratos públicos da Comissão Europeia (2004) indicam muito claramente as secções de um documento de concurso onde e como podem ser introduzidas questões de sustentabilidade ambiental. As secções incluem:

- O objeto do contrato;
- As especificações técnicas do produto/obra/serviço;
- Os critérios de seleção dos candidatos;
- Os critérios de adjudicação do contrato;
- As cláusulas de execução do contrato.

A questão é a seguinte: A ética básica da contratação não deve ser comprometida de forma alguma com a introdução de questões de sustentabilidade ambiental. A secção seguinte discute a relação entre a ética e os requisitos básicos da contratação pública no Gana e em alguns países desenvolvidos que não devem ser comprometidos. As questões de sustentabilidade ambiental podem ser incluídas nos documentos de concurso, desde que estes princípios não sejam violados (Comissão Europeia, 2011).

2.2.8 Ética básica da contratação no Gana comparada com as normas internacionais

Há pouca diferença entre a ética dos contratos públicos especificada nas leis dos contratos públicos no Gana e outras normas internacionais. O quadro seguinte mostra a relação entre a Lei 663 (2003) sobre contratos públicos e duas outras normas internacionais, nomeadamente: os requisitos da British Standards Institution, BS 10845-1 (2010) e os requisitos do Tratado da Comissão Europeia sobre contratos públicos (2004). A tabela 2.1 mostra que os três documentos legais abordam praticamente a mesma ética de contratação. É evidente que a atual legislação nacional em matéria de contratos públicos está de acordo com a legislação internacional em matéria de contratos públicos.

Quadro 2. 12 Relação entre a ética do sistema básico de contratos públicos no Gana e duas outras normas internacionais

Lei 663 (2003) relativa aos contratos públicos	**Instituição de Normas Britânicas, requisito BS 10845-1 (2010)**	**Requisito do Tratado CE relativo aos contratos públicos (2004)**	**Significado de exigência**
Justo	Justo	Liberdade de prestação de serviços	O processo de oferta e aceitação deve ser imparcial, sem preconceitos, e proporcionar às partes participantes um acesso simultâneo e atempado às mesmas informações. Os termos e condições de execução do trabalho não devem prejudicar injustamente os interesses das partes. A contratação deve ser efectuada da forma mais eficiente possível, respeitando os princípios de equidade
Não discriminatório	Equitativo	l.igualdade de tratamento 2. não-discriminação 3. proporcionalidade	Os únicos motivos para a não adjudicação de um contrato a um proponente que cumpra todos os requisitos são as restrições à realização de negócios com a organização, a falta de capacidade ou de aptidão, os impedimentos legais e os conflitos de interesses.
Transparência	Transparência	Transparência	O processo de adjudicação de contratos e os critérios com base nos quais serão tomadas as decisões devem ser publicitados. As decisões (de atribuição e intermédias) são tornadas públicas, juntamente com os motivos que as justificam. É possível verificar se os critérios foram aplicados. Os requisitos dos documentos de concurso são apresentados de forma clara, inequívoca, exaustiva e compreensível. A adjudicação de contratos deve ser efectuada da forma mais eficiente possível, respeitando os princípios da transparência
Competitivo	Competitivo		O sistema prevê níveis adequados de concorrência para garantir uma boa relação custo-eficácia e a melhor relação custo-benefício.
Eficiência	Custo-eficácia		Os processos, procedimentos e métodos são normalizados com flexibilidade suficiente para obter os melhores resultados em termos de qualidade, prazo e preço, e com o mínimo de recursos para gerir e controlar eficazmente os processos de aquisição. A contratação deve ser efectuada da forma mais eficiente possível, respeitando os princípios da relação qualidade/preço. A relação qualidade/preço pode ser demonstrada por comparação com as taxas de mercado

N/A	Promoção de outros objectivos	N/A	O sistema pode incorporar medidas para promover objectivos associados a uma política de contratação secundária, desde que os proponentes qualificados não sejam excluídos e que os resultados ou critérios de preferência sejam mensuráveis, quantificáveis e controlados quanto ao seu cumprimento.

As questões de sustentabilidade ambiental podem ser incluídas numa política secundária de contratos públicos sem violar a legislação nacional, desde que sejam respeitados os seguintes princípios (Comissão Europeia, 2011). Por conseguinte, esta investigação centra-se na promoção de outros objectivos, como as questões de sustentabilidade ambiental, através da contratação pública. A secção seguinte analisa as abordagens à gestão ambiental no Gana ao longo dos anos.

2.3.1 Panorama da gestão ambiental da construção no Gana

No Gana, existem várias leis, regulamentos e legislação relacionados com as actividades de construção. Estas leis, regulamentos e outra legislação relacionada com a proteção do ambiente ao longo dos últimos anos são discutidos abaixo.

2.3.2 A Constituição do Gana e o ambiente

A Constituição de 1992 da Quarta República, no capítulo seis, artigo 41 (k), obriga os cidadãos do Gana a proteger e salvaguardar o ambiente. Isto aplica-se tanto aos donos da obra como aos empreiteiros e a todos os intervenientes na construção no Gana. As instituições públicas devem assumir a liderança na aplicação deste requisito constitucional. Uma forma de o fazer é através dos contratos públicos (Gbedemah, 2011).

2.3.3 Lei da Agência de Proteção do Ambiente, 1994 (Lei 490)

De acordo com Yeboah e Mensah (2014), o Conselho de Proteção do Ambiente (CPA) foi criado no Gana como uma instituição pública responsável pela supervisão do ambiente em 1974, através do Decreto do Conselho Nacional de Redenção, número 239 (NRCD 239). A secção 2 do decreto exigia, entre outras coisas, que o Conselho de Proteção Ambiental assegurasse a observância de salvaguardas adequadas no planeamento e execução de todos os projectos de desenvolvimento, incluindo os já existentes, susceptíveis de interferir com a qualidade do ambiente.

Em março de 1989, foi emitida uma diretiva governamental que exigia que o EPC fosse consultado sobre as propostas de desenvolvimento e que fosse emitido um "certificado de autorização" indicando que tinham sido tomadas disposições adequadas nas propostas de projeto para conter potenciais impactos ambientais adversos (Yeboah e Mensah, 2014).

Em 1994, foi promulgada a Lei relativa à Agência de Proteção do Ambiente de 1994 (Lei 490), que criou uma entidade empresarial denominada Agência de Proteção do Ambiente (EPA), que substituiu o EPC. Esta agência tem existido e é responsável pelas questões ambientais no Gana até à data. Entre as suas funções, a EPA foi mandatada para "assegurar o cumprimento de todos os procedimentos de avaliação ambiental estabelecidos no planeamento e execução de projectos de desenvolvimento, incluindo o cumprimento de projectos existentes".

2.3.4 Regulamentos relativos à avaliação ambiental (1999) (L. I. 1652)

Em 24 de junho de 1999, foi promulgado o Regulamento sobre a avaliação ambiental (1999) (L. I. 1652). A L.I. 1652 trata dos vários procedimentos a seguir antes da concessão de uma autorização de desenvolvimento, dos procedimentos para a apresentação de queixas, das infracções e das sanções. A Lei 490, juntamente com a L. I. 1652, estabelece os sistemas de avaliação ambiental no Gana, que incluem, resumidamente, o registo, a seleção, a avaliação do impacto ambiental e o planeamento da gestão ambiental.

2.3.5 Regulamentos relativos ao licenciamento de indústrias

Este procedimento oferece uma opção viável para a prevenção da poluição proveniente de actividades industriais. A EPA exige que a indústria a licenciar apresente a tecnologia de controlo da poluição adequada que será adoptada no âmbito da licença (Gbedemah, 2011). De acordo com o Anexo 1

(Regulamento 1(1)) dos Regulamentos de Avaliação Ambiental (1999), os empreendimentos que requerem o registo de uma licença ambiental são descritos na tabela 2.2 abaixo:

Quadro 2. 13 Compromissos que requerem registo e licença ambiental, adaptado do Anexo 1 (Regulamento 1(1)) dos Regulamentos de Avaliação Ambiental (1999)

	INDÚSTRIA	ACTIVIDADE RELACIONADA COM A CONSTRUÇÃO
1	PETRÓLEO BRUTO E GÁS NATURAL	a. Instalações para a produção de petróleo bruto ou de petróleo; b. Instalações para a produção de gás natural.
2	QUARRIES E POÇOS DE AREIA	a. Quando a área total for superior a 10 hectares ou quando qualquer parte estiver localizada numa zona sensível do ponto de vista ambiental. b. Minas de areia e cascalho cuja superfície total seja superior a 10 hectares, ou c. Sempre que qualquer parte se situe numa zona sensível do ponto de vista ambiental.
3	PRODUTOS QUÍMICOS E QUÍMICA PRODUTOS	a. Plásticos e resinas sintéticas; b. Tintas e vernizes. c. Outros produtos químicos
4	CONSTRUÇÃO	a. Construção de oleodutos e gasodutos para o transporte de petróleo, gás natural e outros produtos conexos desde a fonte até ao ponto de distribuição, sempre que - - qualquer parte da conduta se situar a uma distância superior a 500 m - a partir de um direito de passagem existente; ou - qualquer parte da conduta esteja localizada numa zona sensível do ponto de vista ambiental; b. Centrais de produção de energia eléctrica a diesel com uma capacidade superior a 1 megawatt; b. Centrais eléctricas de turbinas a gás com uma capacidade superior a 1 megawatt; c. Centrais de produção de energia eléctrica nuclear.
5	VIAS RÁPIDAS E PESADO CONSTRUÇÃO	a. estradas b. redes de água e de esgotos - c. construção de condutas principais para o transporte de água desde a fonte até à distribuição; d. construção de condutas de esgotos; e. construção de emissários de condutas de esgotos. f. centrais hidroeléctricas e estruturas conexas - g. construção de barragens e reservatórios associados; a. transferências de água inter ou intra-bacias hidrográficas; b. construção de empreendimentos hidroeléctricos
6	UTILIDADES	a. criação de locais de eliminação de resíduos; b. criação de instalações para a recolha ou eliminação de resíduos perigosos

7	SERVIÇOS DE ALOJAMENTO	c. Criação de campos de férias e de recreio.
8	SERVIÇOS DE DIVERSÃO E RECREATIVOS	a. Desportos para espectadores comerciais - - estabelecimento de exploração de pistas de corridas de cavalos; - estabelecimento de operações de pista de corridas para veículos motorizados clubes e serviços desportivos e recreativos; b. Criação de instalações, incluindo trilhos c. Estabelecimento de campos de tiro ao ar livre; d. Estabelecimento de operações de marina e. Criação de instalações, incluindo trilhos, para actividades recreativas motorizadas veículos e Outros serviços de diversão e recreativos.

Gbedemah (2011) argumenta que, após o estabelecimento das indústrias, a direção rejeita a tecnologia, algumas prometem instalar mas nunca o fazem. Atribui este facto à falta de instrumentos e de pessoal da EPA para procurar o cumprimento deste mandato. As empresas de construção demonstram uma atitude semelhante ao não cumprirem o seu próprio plano de gestão ambiental.

2.3.6 Citação de indústrias

De acordo com Gbedemah (2011), estão a ser criadas zonas industriais em áreas designadas no país. Esta iniciativa irá impedir a localização aleatória de indústrias no Gana. No entanto, a natureza ad hoc do sector da construção não permite que esta iniciativa seja aplicável.

2.3.7 Avaliação do impacto ambiental (AIA) de projectos industriais

A AIA é um instrumento de planeamento que prevê e avalia os impactos dos projectos propostos, a fim de apoiar a tomada de decisões (Ortolano e Shepherd, 1995). A AIA compreende uma série de nove etapas que incluem: actividades preliminares, identificação do impacto, delimitação do âmbito, estudo de base, avaliação do impacto, medidas de atenuação, avaliação (comparação de alternativas), documentação, tomada de decisões e pós-auditoria. Gbedemah (2011) argumenta que o processo de AIA tem o problema de não mostrar a relação entre a avaliação de impacto e a gestão ambiental. Além disso, dá demasiada importância ao tratamento dos impactos, exigindo a sua combinação com outros instrumentos. De acordo com o Regulamento n.º 3, os exemplos de empreendimentos para os quais a avaliação de impacto ambiental (AIA) é obrigatória são enumerados no quadro seguinte:

Quadro 2. 14 Empresas para as quais a avaliação do impacto ambiental (AIA) é obrigatória, adaptado do Anexo 1 (Regulamento 3) dos Regulamentos relativos à avaliação ambiental (1999)

	INDÚSTRIA	ACTIVIDADE RELACIONADA COM A CONSTRUÇÃO
1	AEROPORTO	a. Construção de todos os aeroportos ou pistas de aterragem, bem como a ampliação dos aeroportos ou pistas de aterragem existentes.
2	HABITAÇÃO	a. Empresa de desenvolvimento de assentamentos humanos; b. Desenvolvimento de habitação.

3	INFRA-ESTRUTURA RE	a. Construção de hospitais b. Desenvolvimento de zonas industriais c. Construção de estradas e auto-estradas d. Construção de novos municípios e. Construção de caminhos-de-ferro
4	PORTOS	a. Construção de portos b. Expansão do porto envolvendo um aumento de 25 por cento ou mais na capacidade de manuseamento por ano
5	PETRÓLEO	a. Desenvolvimento de jazidas de petróleo e gás b. Construção de condutas off-shore e on-shore c. Construção de instalações de separação, processamento, manuseamento e armazenamento de petróleo e gás d. Construção de refinarias de petróleo e. Construção de depósitos de produtos para armazenamento de gasolina, gás ou gasóleo localizados a menos de 3 quilómetros de qualquer zona comercial, industrial ou residencial
6	DESENVOLVIMENTO DE RESORTS E ACTIVIDADES RECREATIVAS	a. Const. de instalações de resorts costeiros de hotéis com mais de 40 quartos b. Empreendimento hoteleiro ou resort no topo da colina c. Desenvolvimento de instalações turísticas ou recreativas em parques nacionais d. Desenvolvimento de instalações turísticas ou recreativas em ilhas nas águas circundantes.
7	TRATAMENTO E ELIMINAÇÃO DE RESÍDUOS	a. Construção de uma instalação de incineração b. Construção de uma unidade de recuperação (fora do local) c. Construção de uma estação de tratamento de águas residuais (fora do local) d. Construção de aterros sanitários seguros e. Construção de uma instalação de armazenamento (fora do local) f. Construção de instalações de composição g. Construção de uma unidade de recuperação/reciclagem h. Construção de depósitos de resíduos i. construção de emissário marinho j. Tratamento noturno do solo
8	ABASTECIMENTO DE ÁGUA	a. Construção de barragens de represamento b. Desenvolvimento de águas subterrâneas para fins industriais, agrícolas ou urbanos

Infelizmente, nem todas estas actividades relacionadas com a construção são realizadas com AIA obrigatório. Pode dizer-se que a maior parte deles só existe na lei e não é funcional. A próxima secção destaca as políticas e orientações disponíveis no Gana para a proteção do ambiente.

2.3.8 Políticas ambientais no Gana

O Gana tem uma série de políticas para a proteção do ambiente. A totalidade ou secções destas políticas estão relacionadas com a construção e podem ser consultadas para aspectos relevantes que podem ser incorporados na aquisição de construção a nível distrital. De acordo com a Agência de Proteção Ambiental (2014), algumas políticas ambientais no Gana incluem:

- Agência de Proteção do Ambiente - Diretrizes
- Política de saneamento ambiental
- Estratégia de Crescimento e de Redução da Pobreza (GPRS II) (2006-2009)
- Programa de Ação Nacional de Combate à Seca e à Desertificação
- Política Nacional de Irrigação
- Política fundiária nacional
- Política Nacional da Água
- Política Nacional da Vida Selvagem

2.3.9 Leis e legislação ambiental no Gana

O Gana possui uma série de leis e legislação para a proteção do ambiente. O quadro seguinte agrupa todas as leis e legislação relacionadas com o ambiente no Gana em temas ambientais relevantes para facilitar a referência. A partir da tabela, por exemplo, é evidente que não existem atualmente leis sobre o controlo do ruído no país. Isto explica a dificuldade em lidar com o ruído da construção e o ruído das igrejas em zonas residenciais. Estas leis estão disponíveis para consulta pelas entidades de aquisição para o planeamento da aquisição de construção ambientalmente sustentável. A Tabela 2.4 abaixo é um resumo das leis ambientais no Gana.

Tabela 2. 15 Resumo da legislação ambiental no Gana (Fonte: Agência de Proteção do Ambiente, 2014)

1. POLUIÇÃO DO AR
Lei da Agência de Proteção do Ambiente de 1994 (Lei 490), Regulamentos sobre a gestão de substâncias e produtos que empobrecem a camada de ozono, 2005
2. AMBIENTE COSTEIRO E MARINHO
Lei das Pescas, 2002, Lei da Zona Marítima (Delimitação), 1986, Regulamentos de Gestão de Zonas Húmidas (Sítios RAMSAR), 1999
3. RECURSOS ENERGÉTICOS E MINERAIS
Lei da Comissão da Energia Atómica de 2000, Lei dos Diamantes de 1972, Lei da Comissão da Energia de 1997, Lei do Petróleo Nacional do Gana de 1983, Lei das Minas e Minerais de 1986, Lei da Comissão dos Minerais de 1993, Lei da Abolição dos Direitos de Exportação de Minerais de 1987, Lei das Áreas Sanitárias de Minerais de 1925, Lei da Exploração Mineira de Ouro em Pequena Escala de 1989, Lei do Desenvolvimento do Rio Volta de 1961, Lei do Gasoduto da África Ocidental de 2004
4. FLORA E FAUNA
Lei de 1955 relativa aos animais (inseminação artificial), Lei de 1952 relativa aos animais (controlo e importação), Lei de 1990 relativa ao controlo e à prevenção dos incêndios florestais, Lei de 1979 relativa à proteção das plantas económicas, Lei de 2000 relativa ao desenvolvimento das plantações florestais, Lei de 1998 relativa à regulamentação da gestão dos recursos florestais, Lei de 1974 relativa às operações no sector da madeira, Lei de 1974 relativa às árvores e à madeira, Lei de 1998 relativa à regulamentação da gestão dos recursos florestais, Lei de 1977 relativa à indústria da madeira e ao Conselho de comercialização da madeira do Gana, Lei de 1961 relativa à preservação dos animais selvagens (Lei 43)
5. SUBSTÂNCIAS PERIGOSAS/QUÍMICAS
Lei do Mercúrio, 1989
6. DESENVOLVIMENTO HUMANO E POVOAMENTO

Lei das Concessões, 1939, Lei das Concessões, 1962, Lei dos Direitos de Autor, 2005, Lei do Centro de Investigação Científica e Industrial, 1996, Lei do Centro de Investigação Científica em Medicina Vegetal, 1975, Lei do Comité dos Bens Confiscados (Recuperação e Alienação), 1979, Lei do Conselho dos Alimentos e Medicamentos, Administração do Território, 1962, Lei da Autoridade Portuária do Gana,1986, Lei da Segurança Marítima do Gana, 2004, Lei da Autoridade Marítima do Gana, 2002, Lei dos Transportes Marítimos do Gana, 2003, Lei do Serviço Nacional de Bombeiros do Gana, 1997, Regras Gerais de Rotulagem do Conselho de Normas do Gana (Alimentos, Medicamentos e Outros Bens), 1992, Lei das Doenças Infecciosas, 1908, Lei das Sementes (Certificação e Normas), 1972, Lei da Administração Local, Lei dos Serviços da Administração Local,
7. SAÚDE E SEGURANÇA
Lei das Fábricas, Escritórios e Lojas de 1970
8. GESTÃO DOS TERRENOS
Lands Commission Act,1994 , Lands Miscellaneous Provision Act,1963, Land Planning and Soil Conservation Act,1953, Landed Properties of Ghana, Rubber Estates Limited and Fire Stone Act,1977, Land Registry Act,1962 Irrigation Development Authority Act,1977, Lands(Statutory Wayleaves) Act,1963 , Land Title Registration Act,1986
10. GESTÃO DE RESÍDUOS SÓLIDOS
Abandoned Property(Disposal)Act ,1974, Environmental Assessment Regulations 1999, (LI 1652) , Layout Desenhos, Lei da Administração Local (1994), Lei 462
11. GESTÃO DA ÁGUA E POLUIÇÃO
Lei de 1897 relativa às obstruções nas praias, Lei de 1994 relativa à Agência de Proteção do Ambiente (Lei 490), partes I e II, Lei de 1965 relativa à Corporação da Água e dos Esgotos do Gana (Lei 310), Lei de 1903 relativa aos rios, Lei de 1996 relativa à Comissão dos Recursos Hídricos (Lei 522)

As secções que se seguem abordam outras fontes indirectas de legislação ambiental no Gana relevantes para os contratos de construção.

2.3.10 A lei 663 (2003) sobre os contratos públicos e o ambiente

A secção 19, relativa ao painel de avaliação de propostas, exige que cada entidade adjudicante nomeie um painel de avaliação de propostas com as competências necessárias para avaliar as propostas e assistir a Comissão de Concursos no seu trabalho. No exercício das suas funções, a comissão de avaliação das propostas deve atuar de acordo com os critérios de avaliação pré-determinados e publicados. Isto significa que um responsável ambiental pode ser incluído no painel de avaliação do concurso para ajudar a promover questões de sustentabilidade ambiental. Qualquer outro perito em matéria de ambiente pode ser adicionado à comissão. Além disso, qualquer intenção de incluir questões ambientais nos critérios de avaliação pode ser incluída nos critérios de avaliação publicados antes da avaliação.

1. Pode argumentar-se que **a secção 28 da ata dos procedimentos de adjudicação** de contratos permite incluir questões de sustentabilidade ambiental no processo de adjudicação como margem de preferência. A secção refere que os registos devem incluir "um resumo da avaliação e comparação das propostas, propostas nos termos da secção 69, ofertas ou cotações, incluindo a aplicação de qualquer margem de preferência nos termos da secção 60". Se forem utilizadas questões ambientais nos critérios de avaliação, tal poderá ser registado. Os registos contínuos de qualquer requisito ambiental podem ser vitais para estabelecer uma cultura ambiental a longo prazo. Nos termos da subsecção 4, "A divulgação da parte do registo referida nas alíneas c) a e) e m) do n.o 1 pode ser ordenada numa fase anterior por um tribunal competente; no entanto, quando ordenada por um tribunal competente e sujeita às condições da decisão judicial, a entidade adjudicante não pode divulgar informações relativas ao exame, avaliação e comparação das propostas, propostas, ofertas ou cotações e dos preços das propostas, propostas, ofertas ou

cotações, para além do resumo referido na alínea e) do n.o 1 da presente secção". A entidade adjudicante está protegida de examinar as propostas tendo em conta as questões ambientais para se adequar à política ambiental da entidade. Isto permite claramente a inclusão de questões ambientais nos critérios de avaliação dos contratos.

2. **A secção 48 do conteúdo do convite à apresentação de propostas e do convite à pré-qualificação** estabelece que o convite à apresentação de propostas deve conter as seguintes informações: os critérios e procedimentos a utilizar para avaliar as qualificações dos fornecedores ou contratantes, em conformidade com a secção 23; o que significa que as questões de sustentabilidade ambiental podem ser incorporadas na fase de convite à apresentação de propostas do processo de adjudicação.
3. **A secção 50, "Conteúdo dos documentos do concurso e utilização dos documentos normalizados do concurso"**, indica que podem ser incluídos os seguintes elementos a natureza e as caraterísticas técnicas e qualitativas exigidas em relação aos bens, obras ou serviços técnicos a adquirir nos termos da secção 33, incluindo, mas não se limitando a, especificações técnicas, planos, desenhos e projectos; a quantidade dos bens; quaisquer serviços acessórios a realizar; o local onde as obras devem ser efectuadas ou os serviços devem ser prestados; e o momento desejado ou exigido, se for caso disso, em que os bens devem ser entregues, a construção deve ser efectuada ou os serviços devem ser prestados. Os requisitos a incluir nos documentos do concurso são claramente ilimitados.
4. **A secção 50, "Conteúdo dos documentos do concurso e utilização de documentos normalizados do concurso"**, estabelece o seguinte Os documentos do concurso devem incluir os critérios e procedimentos, em conformidade com as disposições da secção 22, para a avaliação das qualificações dos fornecedores ou contratantes, bem como os requisitos em matéria de provas documentais adicionais ou outras informações que devem ser apresentadas pelos fornecedores ou contratantes para demonstrar as suas qualificações. Isto significa que os documentos de certificação ambiental e qualquer outro requisito ambiental podem ser solicitados pela entidade adjudicante. Além disso, "os critérios a utilizar pela entidade adjudicante para determinar a proposta vencedora, incluindo qualquer margem de preferência e quaisquer outros critérios que não o preço a utilizar nos termos do n.o 4, alíneas b), c) ou d), da secção 59, bem como os factores, para além do preço, a utilizar para determinar a proposta avaliada mais baixa, devem, na medida do possível, ser expressos em termos monetários ou ter um peso relativo nas disposições de avaliação constantes dos documentos do concurso".
5. O n.º 1 **do artigo 57.º, relativo à análise das propostas, refere:** "A entidade adjudicante pode solicitar a um fornecedor ou contratante esclarecimentos sobre a sua proposta, a fim de facilitar a análise, a avaliação e a comparação das propostas". Podem ser solicitados esclarecimentos sobre os requisitos de sustentabilidade ambiental.
6. **Secção 58 (3) em Capacidade de resposta das propostas** "Os desvios devem ser quantificados, na medida do possível, e devem ser tidos em conta na avaliação e comparação das propostas". Este desvio pode incluir um desvio em relação à política ambiental da entidade.
7. **Secção 59 - Avaliação das propostas:** "A entidade adjudicante avalia e compara as propostas aceites para determinar a proposta selecionada, em conformidade com os procedimentos e critérios definidos nos documentos do convite. Além disso, não será utilizado nenhum critério que não tenha sido definido nos documentos do convite". Esta disposição torna claro que as questões ambientais podem ser incluídas logo no convite aos proponentes. Além disso, "para determinar a proposta com a avaliação mais baixa, a entidade adjudicante terá em conta o custo de exploração, manutenção e reparação dos bens ou obras, o prazo de entrega dos bens, a conclusão das obras ou a prestação dos serviços, as caraterísticas funcionais dos bens ou obras, as condições de pagamento e as garantias relativas aos bens, obras ou serviços". Esta secção marginaliza claramente as questões ambientais que poderiam ter sido explicitamente indicadas. No entanto, de acordo com a Comissão Europeia (2011), é possível atribuir pontos durante a fase de adjudicação para reconhecer um desempenho ambiental melhor do que o requisito mínimo estabelecido nas especificações. A Comissão afirma que não existe um limite máximo para a

ponderação que pode ser atribuída aos critérios ambientais. De acordo com a Comissão Europeia (2011), existem duas opções de avaliação: comparar as propostas apenas com base no preço mais baixo ou adjudicar o contrato à proposta "economicamente mais vantajosa" (MEAT), o que implica que serão tidos em conta outros critérios de adjudicação, para além do preço. Os critérios de adjudicação adicionais no âmbito da MEAT podem incluir critérios ambientais. De facto, outros critérios incluem a qualidade, o preço, o mérito técnico, as caraterísticas estéticas e funcionais, as caraterísticas ambientais, os custos de funcionamento, a relação custo-eficácia, o serviço pós-venda e a assistência técnica, a data de entrega e o prazo de entrega ou de execução. Não é necessário que cada critério de adjudicação individual proporcione uma vantagem económica à entidade adjudicante. Factores não económicos podem influenciar o valor de uma proposta do ponto de vista da entidade adjudicante, incluindo uma série de factores ambientais. Como a melhor proposta é normalmente determinada com base em vários subcritérios diferentes, são utilizadas várias técnicas para comparar e ponderar os diferentes subcritérios. Estas técnicas incluem matrizes

comparações, ponderações relativas e sistemas de bónus (Comissão Europeia, 2011).

8. **Secção 60 da Margem de preferência,** "Uma entidade adjudicante pode conceder uma margem de preferência em benefício de propostas de trabalho de empreiteiros nacionais ou em benefício de propostas de bens produzidos internamente ou em benefício de fornecedores nacionais de serviços". Esta secção é uma área que pode ser alargada para incluir questões ambientais.
9. **A secção 62 das qualificações do concurso Repetir:** "Os critérios e procedimentos a utilizar para a demonstração complementar devem ser definidos nos documentos do concurso. Além disso, se tiver sido utilizado um processo de pré-qualificação, os critérios para a demonstração complementar serão os mesmos que os utilizados no processo de pré-qualificação.
10. **Secção 63 - Não divulgação dos elementos de avaliação das propostas:** "As informações relativas à análise, clarificação, avaliação e comparação das propostas não devem ser divulgadas aos fornecedores ou contratantes ou a qualquer outra pessoa que não esteja oficialmente envolvida na análise, avaliação ou comparação das propostas ou na decisão sobre a proposta a aceitar, exceto nos casos previstos na secção 28 sobre o registo dos procedimentos de adjudicação de contratos. Esta disposição protege a entidade de utilizar quaisquer critérios ambientais para a avaliação.
11. **Secção 68 (1) em Conteúdo dos pedidos de propostas para serviços de consultoria,** os serviços de consultoria não estão isentos de considerações ambientais. A entidade adjudicante deve utilizar o modelo de convite à apresentação de propostas previsto no Anexo 4 e quaisquer requisitos relativos a uma tarefa específica devem ser introduzidos através de informações aos consultores, fichas de dados ou fichas de dados contratuais e não através da introdução de alterações nos documentos normalizados do concurso. Na subsecção (2) "O convite à apresentação de propostas deve incluir os critérios e procedimentos relacionados com a avaliação das qualificações dos consultores e os relacionados com as qualificações adicionais nos termos da secção 24(5);
12. **Secção 69 (1) em Critérios para a avaliação das propostas** "A entidade adjudicante deve estabelecer critérios para avaliar as propostas e determinar a ponderação relativa a atribuir a cada critério e a forma como devem ser aplicados na avaliação das propostas". Esta disposição permite que a entidade adjudicante estabeleça os seus próprios critérios ambientais.
13. **Secção 74 (1) em Avaliação das propostas,** "a avaliação das propostas será efectuada em duas fases: primeiro a qualidade e depois o custo". Os critérios ambientais podem ser aplicados no âmbito da avaliação da qualidade.
14. **Secção 75 (1) Processo de seleção em que o preço é um fator**: Quando a entidade adjudicante recorrer ao procedimento previsto na presente secção, deve estabelecer um limiar para a qualidade e os aspectos técnicos das propostas, em conformidade com os critérios definidos na secção 69, para além dos que constam do convite à apresentação de propostas, e classificar cada proposta de acordo com esses critérios e com a ponderação relativa e o modo

de aplicação desses critérios definidos no convite à apresentação de propostas. Ainda nos termos da subsecção (2), a entidade adjudicante notificará os consultores cujas propostas não tenham atingido a nota mínima de qualificação ou não tenham respondido ao convite à apresentação de propostas e ao caderno de encargos após a conclusão da avaliação da qualidade, no prazo de 14 dias a contar da data em que a entidade adjudicante tiver tomado a decisão. (6) As propostas selecionadas serão as propostas com a melhor avaliação combinada em termos dos critérios estabelecidos no ponto 69, para além do preço, no caso da seleção baseada na qualidade e nos custos; as propostas com o preço mais baixo no caso da seleção baseada nos custos mínimos; ou os consultores que tenham apresentado as propostas técnicas mais bem classificadas dentro do orçamento.

15. **Secção 97 dos regulamentos** relativos à margem de preferência na avaliação das propostas; podem ser incorporadas questões de sustentabilidade ambiental.
16. **Anexo 4 (Secção 50, Secção 68)** Os documentos normalizados de concurso e o pedido normalizado de propostas, o modelo normalizado de avaliação de propostas e o modelo de relatório para bens, obras e seleção de consultores não incluem atualmente qualquer disposição relativa a questões ambientais, mas permitem a sua inclusão.

2.3.11 O Manual de Contratação Pública e o Ambiente

1. **Secção 4.3 da Especificação dos Requisitos,** As especificações dos bens (incluindo os bens para obras de construção) devem incluir: uma descrição funcional dos bens, incluindo quaisquer caraterísticas ambientais ou de segurança.
2. **Secção 5.19 da Supervisão e Administração do Contrato,** O Gestor de Projeto/Supervisão deverá: Notificar o Empreiteiro por escrito, solicitando a retificação de quaisquer deficiências de mão de obra, materiais utilizados, normas de segurança ou ambientais, ou outras normas de desempenho exigidas.
3. **Secção 6.6.1 dos contratos de montante fixo (preço fixo)** Os contratos de montante fixo são amplamente utilizados para estudos simples de planeamento e viabilidade, estudos ambientais, conceção pormenorizada de estruturas normalizadas ou comuns, preparação de sistemas de processamento de dados, etc.
4. **A secção 9.4.4, "Destruição, despejo ou enterramento",** refere que, para garantir que a destruição, o despejo ou o enterramento de artigos perigosos são corretamente executados, recomenda-se que um comité de, pelo menos, três pessoas supervisione o processo. O comité deve: Obter a aprovação da Agência Ambiental/Saúde competente para destruir, despejar ou enterrar os artigos; supervisionar a destruição, despejo ou enterro, num local apropriado.

2.3.12 Gestão ambiental ao nível da Assembleia Distrital

A Constituição da República do Gana (1992) estabelece que uma Assembleia Distrital é a autoridade política máxima no distrito e que a Assembleia Distrital tem poderes deliberativos, legislativos e executivos. Os principais textos legislativos relativos às Assembleias Distritais são:

- Lei da Função Pública de 1993 (PNDCL 327);
- Lei da Administração Local n.º 462 de 1993;
- Lei 480 de 1994 sobre o planeamento do desenvolvimento nacional (sistema);
- Lei 479 de 1994 da Comissão de Planeamento do Desenvolvimento Nacional;
- Lei do Fundo Comum das Assembleias Distritais 455 de 1993;
- Regulamentos sobre o estabelecimento da administração local (comissões distritais de concurso) (que foi agora revogado);
- Lei 656 de 2003 relativa aos serviços da administração local (e outra legislação relativa à administração da administração local e ao pessoal da administração central a nível local);
- Lei 647 de 2003 do Instituto de Estudos da Administração Local e
- Uma série de legislação financeira, como a Lei do Fundo Comum das Assembleias Distritais n.º 455 de 1993, e regulamentos fiscais do governo local (Kuusi, 2009).

De acordo com a Lei da Administração Local n.º 462 (1993), Secções 1 e 3 (1), existem três tipos de distritos - distritos, municípios e metrópoles - e são classificados como

1. Assembleias Distritais em distritos com uma população mínima de 75.000 pessoas;
2. Assembleias municipais em distritos com uma população mínima de 95 000 pessoas; e
3. Assembleias Metropolitanas em distritos com uma população mínima de 250.000 pessoas.

As Assembleias têm um comité executivo, que é chefiado por um Chefe do Executivo Distrital, nomeado pelo Presidente. O Chefe do Executivo Distrital tem uma autoridade significativa sobre os assuntos da Assembleia.

O Comité Distrital de Gestão Ambiental incorpora as questões ambientais no seu Plano de Desenvolvimento a Médio Prazo, que normalmente tem uma duração de quatro ou cinco anos, dependendo dos fundos disponíveis e do calendário dos projectos. O Comité de Gestão Ambiental responde rapidamente a relatórios sobre alegações de actividades que degradam o ambiente.

Agyekwena (2010) explicou que os serviços da força policial são por vezes solicitados para restaurar a lei e a ordem em questões ambientais nas comunidades, quando necessário. Esses relatórios são compilados para permitir que o distrito discuta e adopte medidas adequadas.

Agyekwena (2010), alguns dos membros da equipa de Gestão Ambiental Distrital são o Comité Nacional de Gestão de Catástrofes (NADMO), a Unidade de Saúde e Saneamento Ambiental, o Oficial de Desenvolvimento Comunitário Distrital, o Serviço de Educação do Gana (GES), o Departamento de Bem-Estar Social, o Gabinete de Género, os representantes dos governantes tradicionais e o Planeamento Urbano e Rural, a maioria dos quais já possui informações básicas sobre o ambiente e recebe formação adicional em .

Os Comités Comunitários de Gestão Ambiental são criados e recebem formação no âmbito do Projeto de Gestão Ambiental do Gana (GEMP), iniciado em 2008 e financiado pela Agência Canadiana para o Desenvolvimento Internacional (ACDI).

2.3.13 Actividades de construção levadas a cabo pela Assembleia Distrital

A Lei do Governo Local de 1993 atribui mandatos alargados às Assembleias Distritais. As Assembleias Distritais prestam muitos serviços, tais como educação pré-escolar e primária, assistência social, clínicas de saúde, cemitérios, museus e bibliotecas, água e saneamento, recolha de lixo, proteção ambiental e transportes, mas com diferentes graus de autoridade e responsabilidade política pela prestação de serviços (Farvacque et al, 2008). As assembleias distritais, juntamente com os comités distritais de gestão ambiental, são responsáveis pela gestão local do ambiente. A tabela 2.5 abaixo resume o grau de responsabilidade da assembleia distrital em relação às actividades de construção.

Tabela 2. 16 Resumo das actividades relacionadas com a construção realizadas a nível do Governo Central, das Regiões e dos Distritos

SERVIÇO	GOVERNO CENTRAL	REGIÕES	DISTRITOS (administração local)
Habitação e urbanismo			
Habitação			x
Planeamento urbano			x
Planeamento regional		x	
Transporte			

Estradas	x	x	x
Transporte		x	x
Estradas urbanas			
Caminho de ferro urbano			
Portos	x		
Aeroportos	x		
Ambiente e público			
saneamento			
Água e saneamento			x
Recolha e eliminação de resíduos			x
Cemitérios e crematórios			x
Matadouros			x
Proteção do ambiente	x	x	x
Proteção dos consumidores	x		
Cultura, lazer e desporto			
Teatro e concertos			(x)
Museus e bibliotecas	x		(x)
Parques e espaços abertos			x
Desporto e lazer			x

Instalações religiosas			
Económico			
Agricultura, florestas, pescas			x

(x) = serviços discricionários da autarquia local
x = serviços prestados
Fonte: (Farvacque et al., 2008)

A proteção ambiental a nível da assembleia distrital é orientada pelos estatutos da assembleia distrital. O responsável pelo ambiente na assembleia distrital é responsável por assegurar a aplicação destes estatutos. Há uma série de estatutos ambientais que, quando incorporados no sistema de aquisições a nível distrital, assegurariam a sustentabilidade ambiental. Por exemplo, a assembleia distrital de Ahanta West tem estas leis:

- Assembleia Distrital de Ahanta West (Proteção da Vida Selvagem e dos Habitats Florestais) Byelaw, 2013;
- Estatuto da Assembleia Distrital de Ahanta West (Recursos Florestais e Áreas Protegidas), 2013;
- Ahanta West District Assembly (Cultural and Natural Heritage Conservation) Bye-law, 2013 e
- Assembleia Distrital de Ahanta West (Proteção e Conservação do Ambiente Costeiro) Bye-law, 2013 (Farvacque et al., 2008).

Estas leis são análogas às de outros distritos do Gana, mas o problema reside na forma como podem ser incorporadas no sistema de contratos de construção para implementação.

2.4 Abordagens internacionais da sustentabilidade ambiental nos contratos públicos de construção

A próxima secção discute as abordagens à sustentabilidade ambiental nos contratos públicos de construção nos países desenvolvidos e as lições que podem ser aprendidas.

2.4.1 Leis internacionais sobre o ambiente

A série ISO 14000, desenvolvida pela Organização Internacional de Normalização (ISO), da qual o Gana é membro desde a década de 1970, é um conjunto de normas voluntárias que ajuda as organizações a obter ganhos ambientais e financeiros através da implementação de uma gestão ambiental eficaz. As normas fornecem um modelo para racionalizar a gestão ambiental e diretrizes para garantir que as questões ambientais são consideradas nas práticas de tomada de decisões. A ISO 14001 é a norma para os SGAs. O objetivo das normas ambientais ISO 14000 é fornecer às empresas globais, ao nível da gestão, um quadro para a gestão dos seus impactos ambientais através da criação de um SGA eficaz (Zabihollah e Szendi, 2000). O principal objetivo de um SGA é procurar melhorar continuamente o desempenho ambiental e obter a certificação segundo a norma ISO 14001:

- definir objectivos e missões ambientais;
- identificar os aspectos ambientais significativos das actividades da empresa;
- estabelecer políticas e procedimentos ambientais adequados e eficazes;
- controlar continuamente as políticas e procedimentos ambientais e assegurar o seu cumprimento;
- desenvolver programas ambientais que descrevam a forma como os requisitos do SGA serão cumpridos e como as metas e objectivos ambientais serão alcançados; e
- estabelecer métodos adequados de comunicação interna e externa da informação ambiental (Zabihollah e Szendi, 2000).

O sistema de gestão ambiental exige que as empresas avaliem e revejam o seu sistema de gestão ambiental sempre que necessário, medindo e monitorizando os progressos, abordando os problemas e analisando os resultados. A incorporação do SGA pretende diminuir a dificuldade que as empresas têm atualmente em avaliar o seu desempenho ambiental e facilitar comparações pertinentes de operações em vários países, o que pode melhorar o comércio transfronteiriço (Begley, 1996).

2.4.2 Benefícios da adoção voluntária das normas ISO

Chavan, (2005) concluiu que uma norma ambiental pode ser uma ferramenta poderosa para as organizações melhorarem o seu desempenho ambiental e aumentarem a sua eficiência empresarial. O autor explica que um SGA não é prescritivo; pelo contrário, exige que as organizações assumam um papel ativo na análise das suas práticas e determinem a melhor forma de gerir os seus impactos. Esta abordagem encoraja soluções criativas e relevantes por parte da própria organização.

Embora, na sua forma atual, a aplicação da norma ISO seja essencialmente uma iniciativa voluntária, pode também tornar-se um instrumento eficaz para os governos protegerem o ambiente, uma vez que pode contribuir para a regulamentação. Por exemplo, Chavan, (2005) argumenta que os organismos reguladores, como a EPA, podem encorajar as organizações a utilizarem essas normas, fornecendo incentivos às instituições públicas para um forte desempenho ambiental.

As certificações ISO 14001 são principalmente apreendidas por grandes organizações, uma vez que as pequenas e médias empresas (PME) têm um volume de negócios menor e, por conseguinte, um retorno correspondentemente pequeno dos custos de certificação. (Chavan, 2005) identificou que uma norma ISO totalmente certificada pode não ser adequada para organizações mais pequenas, no entanto, fornece diretrizes que ajudam as organizações a considerar todas as questões relevantes e, assim, obter o máximo benefício do seu SGA, mesmo sem certificação. As PME podem, por conseguinte, utilizar a norma ISO 14001 como modelo para a conceção do seu próprio SGA.

De acordo com a investigação de Zabihollah e Szendi (2000), os benefícios da aplicação das normas ISO 14000 são os seguintes Assegurar a conformidade com as regras e regulamentos ambientais, reduzir e evitar os riscos ambientais, monitorizar as políticas e acções ambientais da empresa, identificar os perigos ambientais, avaliar o desempenho ambiental, sensibilizar o pessoal para as preocupações ambientais, identificar oportunidades para melhorar o desempenho ambiental, proteção jurídica, avaliação do risco de causar danos ambientais, formular políticas ambientais e sistemas de informação, reduzir os custos ambientais, reduzir as incertezas financeiras nas transacções ambientais, desenvolver um sistema de gestão ambiental, avaliar a adequação e eficácia da função de auditoria ambiental interna, reduzir as obrigações ambientais, melhorar as relações públicas, reduzir os prémios de seguro.

2.4.3 Benefícios da obtenção da certificação ISO 14000 pelas organizações públicas Zabihollah e Szendi (2000) também analisaram os benefícios da obtenção da certificação ISO 14000 pelas organizações públicas. Foi identificado que as organizações são capazes de: Documentar os sistemas internos de gestão ambiental, incluindo objectivos, políticas e procedimentos; Satisfazer os requisitos da norma ISO 14000 para entrar e competir eficazmente no mercado global; Demonstrar empenho e conformidade com as leis e regulamentos ambientais; Melhorar a imagem da empresa como um bom cidadão ambiental, agindo voluntariamente antes dos regulamentos ambientais; Demonstrar empenho nas preocupações ambientais, Cumprir os requisitos das agências governamentais e oficiais para se registar de acordo com as normas ISO 14000, Formar os trabalhadores para discernir os efeitos das acções ambientais, Implementar auditorias ambientais adequadas e eficazes, Salvaguardar o ambiente, Identificar e avaliar os riscos, obrigações e custos ambientais actuais e potenciais, Estabelecer sistemas de contabilidade e de informação sólidos para medir, reconhecer e divulgar os custos e obrigações ambientais, Fornecer informações para gerir as contingências ambientais.

2.4.4 Diretrizes da União Europeia para contratos públicos de construção sustentáveis do ponto de vista ambiental

A Comissão Europeia (2011) fornece as seguintes orientações baseadas nos critérios dos CPE da UE que promoveriam a incorporação de questões ambientais nos contratos públicos de obras. Estas incluem:

1. Incluir critérios de seleção para arquitectos e engenheiros sobre a experiência na conceção de edifícios sustentáveis e para empreiteiros sobre a aplicação de medidas adequadas de gestão ambiental.

2. Especificar normas mínimas de desempenho energético para o edifício final em cada fase do processo de adjudicação. Considerar a possibilidade de atribuir pontos adicionais durante a adjudicação de contratos de conceção para desempenhos superiores aos mínimos.
3. Consultar normas como a TC/CEN 350 (Sustentabilidade das obras de construção) e 351 (Produtos de construção - Avaliação da libertação de substâncias perigosas) para determinar se a conformidade com estas normas ou normas equivalentes deve ser incluída na sua especificação
4. Dar preferência a projectos que incorporem sistemas de energias renováveis
5. Restringir a utilização de substâncias perigosas nos materiais de construção
6. Incentivar a utilização de madeira e de outros materiais naturais provenientes de fontes sustentáveis, de materiais reciclados e reutilizados e da possibilidade de reciclagem dos materiais no seu fim de vida
7. Dar importância à qualidade do ar interior, ao bem-estar dos ocupantes e à ventilação adequada
8. Exigir a utilização de instalações de poupança de água e incentivar a reutilização de águas cinzentas e pluviais
9. Incluir cláusulas contratuais relacionadas com a gestão de resíduos e recursos e com o transporte de materiais de construção
10. Atribuir aos empreiteiros a responsabilidade, no âmbito do contrato, de monitorizar o desempenho energético durante vários anos após a construção e de formar os utilizadores do edifício em matéria de utilização sustentável da energia.

2.4.5 O Instituto Britânico de Normalização, BS 8903: Principles and Framework for Procureing Sustainably

Este documento é a primeira norma mundial para aquisições sustentáveis, publicada em setembro de 2010 pela British Standards Institution. Baseia-se nas melhores práticas e ideias actuais e fornece orientações sobre a adoção e incorporação de princípios de aquisição sustentável em todas as fases do processo de aquisição, incluindo conselhos práticos, exemplos e ligações para apoio adicional. As orientações da BS 8903 constituem uma abordagem genérica às aquisições sustentáveis e incluem três elementos-chave, nomeadamente os Fundamentos, os Factores de Apoio e o Processo de Aquisição (British Standards Institution, 2010).

2.5.1 Factores determinantes para a incorporação de questões de sustentabilidade ambiental nos contratos públicos de construção

Os factores que levam à incorporação das questões ambientais na gestão dos contratos públicos são discutidos no âmbito dos factores internos e externos.

2.5.2 Factores internos

São muitos os factores internos que impulsionam a incorporação das questões ambientais na gestão dos contratos públicos. Entre eles contam-se:

Empresários políticos competentes: Para incorporar questões de sustentabilidade ambiental nos contratos de construção, Drumwright (1994) identificou que as competências pessoais do responsável pelos contratos desempenham um papel fundamental. Um funcionário competente em matéria de contratos públicos seria capaz de identificar oportunidades para incluir questões ambientais devido a uma recompensa intrínseca.

Desejo de reduzir os custos, melhorar a qualidade, pressão dos investidores e gerir o risco económico: O desejo de reduzir os custos representa uma força motriz comum para as considerações ambientais em projectos, de acordo com Green et al. (1996). Os custos podem ser evitados através da adoção do conceito de prevenção da poluição, o que constitui um fator determinante para as considerações ambientais (Green et al., 1996).

Extensão do valor do fundador, valores do proprietário, melhoria da posição dos gestores na empresa: Wycherley (1999) constatou que os valores pessoais e éticos do fundador da empresa podem ser transmitidos à organização. Ao nível da assembleia distrital, o chefe do executivo distrital que representa o governo deve ter paixão pelo ambiente e encontrar formas de promover a proteção ambiental nos seus distritos.

Envolvimento dos trabalhadores: foi determinado que o apoio da gestão intermédia influencia positivamente as aquisições ambientais (Carter et al., 1998). Hanna et al., (2000) identificaram que o envolvimento dos trabalhadores está positivamente relacionado com a melhoria ambiental.

Pressão dos investidores: O aumento da pressão dos investidores contribui para o desenvolvimento de políticas ambientais, de acordo com Trowbridge (2001). Os projectos financiados por fundos de doadores têm um melhor desempenho ambiental devido às pressões dos doadores.

Melhoria da qualidade: o desejo de melhorar a qualidade influencia o facto de as questões ambientais serem ou não consideradas num contrato. Foi determinado que o desempenho ambiental conduz a uma qualidade superior (Pil e Rothenberg, 2003).

Empenho pessoal: verificou-se que o empenhamento dos indivíduos está positivamente relacionado com as considerações ambientais na gestão dos contratos públicos (New et al., 2000 citado em Walker et al, 2008). Se todos os trabalhadores estiverem empenhados no ambiente, incluindo o responsável pelas aquisições, será mais fácil promover as questões ambientais nas suas actividades.

Quadro 2. 17 Resumo dos factores internos que influenciam as questões de sustentabilidade ambiental na gestão das aquisições e na metodologia de investigação adoptada

Factores internos para considerações ambientais na gestão de aquisições	**Referência**	**Metodologia de investigação**
Empresários competentes em matéria de políticas	Drumwright (1994)	Qualitativa/entrevistas
Desejo de reduzir os custos, pressão dos investidores, gestão do risco económico	Green et al. (1996)	Estudo de caso/entrevistas
Desejo de reduzir custos, melhorar a qualidade, valores do fundador	Handfield et al. (1997)	Estudo de caso/entrevistas
Extensão do valor do fundador	Wycherley (1999)	Estudo de caso/entrevistas
Valores do proprietário, gestores que melhoram a posição na empresa	New et al. (2000)	Estudo de caso/participação
Participação dos trabalhadores	Hanna et al. (2000)	Inquérito/questionário
Desejo de reduzir os custos	Carter e Dresner (2001)	Estudo de caso/entrevistas
Pressão dos investidores	Trowbridge (2001)	Estudo de caso
Melhorar a qualidade	Pil e Rothenberg (2003)	Inquérito/questionário

2.5.3 Condutores externos

Os factores externos identificados nesta investigação são discutidos em cinco (5) grandes categorias: regulamentação, clientes, concorrentes, sociedade e fornecedores.

Regulamento:

Conformidade legislativa e regulamentar: a regulamentação e a legislação governamentais foram identificadas como um dos principais factores de promoção das práticas de gestão ambiental (Zhu et al., 2005 citado em Walker et al 2008).

Ação proactiva pré-regulamentação: as empresas que estão inicialmente motivadas para cumprir a regulamentação integram as preocupações ambientais nos seus processos de aquisição de forma mais completa do que as que não são proactivas. (Handfield et al., 1997, p.306, citado em Walker et al 2008). Se as empresas forem proactivas e inovadoras na sua abordagem ao cumprimento da regulamentação, o cumprimento da regulamentação não será um problema.

Certificação ISO 14000: De acordo com Walker et al. (2008), a regulamentação e a legislação externas parecem ser um forte motor dos projectos ambientais.

Conformidade regulamentar: A regulamentação ambiental promove a redução do impacte ambiental a baixo custo, em vez de ser uma causa de litígio (Porter e Van de Linde, 1995 citados em Walker et al 2008). A perceção da importância da conformidade ambiental é fundamental para a conformidade (Min e Galle, 2001 citados em Walker et al 2008).

Clientes:

Pressão dos clientes para tornar a cadeia de abastecimento mais ecológica: Ao investigar o papel do aprovisionamento na gestão ambiental, verificou-se que as exigências dos clientes que adoptam uma perspetiva de aprovisionamento a longo prazo têm uma influência mais positiva na gestão ambiental, em contraste com os pedidos dos clientes que envolvem um calendário pouco razoável (Carter e Dresner, 2001 citados em Walker et al 2008).

Exigência dos clientes: Green et al. (1996) concluíram que os clientes exercem pressão sobre as organizações para que adoptem práticas ambientais na cadeia de abastecimento.

Colaborar com os clientes: Hall, (2001) revelou que os supermercados estão em posição de colaborar com os seus fornecedores. Devem assumir a responsabilidade pelas acções dos seus fornecedores, uma vez que estas são mais susceptíveis de atrair a atenção dos meios de comunicação social.

E-logística e ambiente: Sarkis (2003) constatou que algumas empresas incentivavam os fornecedores estratégicos a obterem uma acreditação, como o Sistema Comunitário de Ecogestão e Auditoria (EMAS).

Pressões de marketing: Os grupos de partes interessadas não organizacionais podem solicitar e pressionar os supermercados a abordarem as preocupações ambientais, em vez de irem atrás de milhares de fornecedores independentes (Hall, 2001).

Obtenção de vantagens competitivas: De acordo com Gonzalez-Benito e Gonzalez-Benito, (2005), uma política de compras ambientais pode não ser empreendida devido a um desejo de proteger os recursos mundiais, mas para obter vantagens competitivas e melhorar o desempenho financeiro da instituição. De acordo com Walker et al. (2008), a concorrência não parece ser um motor para a implementação de práticas ecológicas de gestão da cadeia de abastecimento no sector público. No entanto, Walker et al. (2008) afirmaram que pode surgir um elemento de concorrência no sector público do Reino Unido, uma vez que as organizações com bom desempenho financeiro beneficiam de maior independência.

Melhorar o desempenho da empresa: Uma estratégia ambiental pró-ativa pode ajudar uma empresa a obter vantagens competitivas através do desenvolvimento de capacidades de gestão da oferta, melhorando assim o desempenho (Walker et al 2008).

As partes interessadas podem encorajar a estratégia ambiental: os grupos de partes interessadas podem influenciar as questões de sustentabilidade ambiental, solicitando e pressionando os responsáveis pelas aquisições a abordarem as preocupações ambientais (Hall, 2001).

Potencial para receber publicidade: A deterioração do ambiente nos últimos anos aumentou drasticamente a sensibilização do público para as questões ambientais. Walker et al. (2008) argumentaram que os contratos públicos que têm em conta as questões ambientais são o resultado do seu potencial para receber a admiração do público e conquistar novos clientes.

Pressão pública: Verificou-se também que as pressões do público influenciam a gestão dos contratos públicos ecológicos (Zhu et al, 2005). Zhu et al. argumentou que o público é cada vez mais influenciado pela reputação de uma empresa no que respeita ao ambiente quando toma decisões de compra. Este facto exerce pressão sobre as empresas para que tenham em conta as questões ambientais nas suas aquisições.

Reduzir o risco de críticas dos consumidores: Os consumidores e as partes interessadas estão a levar as empresas a rever as suas práticas ambientais (New et al. 2000). A fim de reduzir o risco de críticas dos consumidores, as empresas estão a começar a cumprir os regulamentos ambientais.

Partes interessadas não económicas e pressão exercida por grupos de defesa do ambiente: A voz dos activistas, das organizações não governamentais (ONG) ou dos grupos de pressão ecológicos (Hall, 2001; Trowbridge, 2001) já não pode ser ignorada, uma vez que têm a capacidade de embaraçar seriamente as organizações não conformes (Gabriel et al, 2000).

Colaboração com os fornecedores e integração da oferta: Foi sugerido que os fornecedores podem ajudar a fornecer informações valiosas para serem utilizadas na implementação de projectos ambientais (Carter e Dresner, 2001). Embora os fornecedores possam não ser impulsionadores diretos, a integração e a cooperação nas cadeias de abastecimento podem apoiar uma gestão mais eficaz das questões ambientais (Vachon e Klassen, 2006). Foi utilizado um paradigma de colaboração para explorar as práticas de gestão da cadeia de abastecimento ecológica nas fábricas (Vachon e Klassen, 2006). Verificou-se que uma maior integração da cadeia de abastecimento pode beneficiar a gestão ambiental nas operações. medida que a base de abastecimento era reduzida, aumentava o grau de colaboração ambiental com os fornecedores primários. O Quadro 2.7 resume os factores externos que influenciam as questões de sustentabilidade ambiental na gestão das aquisições.

Quadro 2. 18 Resumo dos factores que influenciam a integração das questões ambientais na gestão dos contratos públicos e da metodologia de investigação adoptada

EXTERNO	INVESTIGADORES	INVESTIGAÇÃO METODOLOGIA
Regulamento		
Conformidade legislativa e regulamentar	Green et al. (1996), Walton et al. (1998), Hall (2001); Beamon (1999); Min e Galle (2001)	Estudo de caso/entrevistas Revisão da literatura Inquérito/ questionário
Ação proactiva pré-regulamentação	Carter e Dresner (2001) ;Bowen et al. (2001a, b)	Estudo de casos/entrevistas; Entrevistas/questionário
Certificação ISO 14000	Montabon et al. (2000)	Inquérito/questionário
Conformidade regulamentar	Zhu e Sarkis (2006)	Inquérito/questionário
Clientes		

Pressão dos clientes para tornar a cadeia de abastecimento mais ecológica	Lamming e Hampson (1996); Walton et al. (1998), Green et al. (1996), Handfield et al. (1997); New et al. (2000); Hall (2001)	Qualitativo/entrevistas; Estudo de casos/entrevistas; Estudo de caso/participação; Estudo de caso/entrevistas
Procura dos clientes	Carter e Dresner (2001)	Estudo de caso/entrevistas
Colaborar com os clientes	Klassen e Vachon (2003)	Inquérito/questionário
E-logística e ambiente	Sarkis, 2003	Estudo de caso/entrevistas
Pressões de marketing	Zhu e Sarkis (2006)	Inquérito/questionário

Quadro 2. 19 Resumo dos factores que influenciam a integração das questões ambientais na gestão dos contratos públicos e da metodologia de investigação adoptada (continuação)

EXTERNO	INVESTIGADORES	INVESTIGAÇÃO METODOLOGIA
Concorrência		
Ganhar vantagem competitiva	Lamming e Hampson (1996); Sharma e Vredenburg (1998); New et al. (2000); Sarkis (2003); Noori e Chen (2003); Zhu e Sarkis (2006); Ferguson e Toktay (2006)	Qualitativo/entrevistas; Estudo de caso/inquérito; Estudo de caso/participação; Inquérito/ questionário; Estudo de caso/ entrevistas; Inquérito/ questionário; Modelação
Melhorar o desempenho da empresa	Porter & Van de Linde1995; Melnyk et al. (2003),Carter et al. (2000); Gonzalez-Benito (2005); Chen (2005); Rao e Holt (2005)	Análise do sector; Inquérito/questionário; Análise do sector; Revisão da literatura; Inquérito/questionário
Sociedade		
Partes interessadas que incentivam a estratégia ambiental	Sharma e Vredenburg (1998)	Inquérito/questionário
Potencial para receber publicidade	Wycherley (1999)	Estudo de caso/entrevistas
Pressão pública	Beamon (1999)	Revisão da literatura
Reduzir o risco de críticas dos consumidores	New et al. (2000)	Estudo de caso/participação

Partes interessadas não económicas	Delmas (2001)	Inquérito/questionário
Pressão de grupos de defesa do ambiente	Hall (2001)	Estudo de caso/entrevistas
Fornecedores		
Colaborar com os fornecedores	Klassen e Vachon (2003)	Inquérito/questionário
Integração da oferta	Vachon e Klassen (2006)	Inquérito/questionário

2.6.1 Desafios à incorporação de questões ambientais nas organizações

A seguir, o autor analisa a literatura sobre os desafios à incorporação das questões ambientais numa organização. Estes foram agrupados em desafios internos e externos.

2.6.2 Desafios internos

Preocupações com os custos: Uma investigação das práticas de contratos públicos ecológicos em empresas americanas revelou que as preocupações com os custos são o principal obstáculo à tomada em consideração das questões ambientais no processo de aquisição (Min e Galle, 2001, citados em Walker et al 2008). A situação é idêntica nos países em desenvolvimento (Ayarkwa, et al., 2010). O receio de incorrer em custos é mais considerável para as PME, que têm geralmente menos fundos disponíveis e, por conseguinte, são mais susceptíveis (Wycherley, 1999 citado em Walker et al 2008). Para mudar a atitude, a formação foi recomendada por muitos investigadores como um remédio eficaz contra a "iliteracia ambiental" (Ayarkwa, et al., 2010, Carter e Dresner, 2001).

Falta de conhecimento sobre a forma de integrar as questões ambientais nas compras: Um estudo concluiu que os responsáveis pelas aquisições não têm a certeza de como incorporar as questões ambientais nas suas compras (Cooper et al., 2000 citado em Walker et al 2008). Em termos de compras socialmente responsáveis, observou-se que: Mesmo quando reconhecem a relevância da responsabilidade social das empresas, muitos gestores de compras não sabem como incluir concreta e sistematicamente as questões sociais e ambientais nas decisões de compra. Eles têm pouca experiência com tais exigências. (Maignan et al., 2002, p. 642, citado em Walker et al 2008)

Relutância em mudar as práticas tradicionais: Ayarkwa, et al. (2010) identificaram que muitos profissionais da contratação pública estão habituados à forma tradicional de fazer as coisas e têm relutância em mudar e utilizar formas inovadoras de promover as questões ambientais.

Conflito com o objetivo da empresa: as empresas têm objectivos, mas muitos desses objectivos não estão alinhados com o conceito de proteção ambiental. Muitas consideram que a necessidade de incorporar questões ambientais nas suas actividades entra em conflito com os objectivos da empresa (Ayarkwa, et al., 2010).

Perda de vantagem competitiva: a concorrência impulsiona as compras ecológicas, mas a perda de vantagem competitiva torna as empresas relutantes em considerar práticas respeitadoras do ambiente (Walker et al., 2008).

Falta de formação e de empenhamento: os responsáveis pela contratação pública têm poucos conhecimentos sobre a forma de introduzir as questões ambientais no processo de contratação. Também existe um problema com o empenhamento da gestão (Walker et al., 2008). Ayarkwa, et al. (2010) identificaram que a falta de formação e de empenhamento por parte do governo dificulta a aplicação das normas ambientais.

Os métodos contabilísticos limitam a informação ecológica: não há provas de que os empreiteiros sejam recompensados por tomarem medidas de proteção do ambiente durante a fase de construção. Os métodos tradicionais de avaliação das obras de construção não têm em conta a proteção do ambiente na maioria dos casos (Rao e Holt, 2005).

Escassez de pessoal: Uma barreira à aplicação das normas ambientais na construção é a falta de pessoal. Muitas vezes, os números limitados de funcionários são obrigados a atender a actividades mais essenciais da organização em vez de actividades não essenciais (Ayarkwa, et al., 2010).

Tabela 2. 20 Desafios à Incorporação das Questões de Sustentabilidade Ambiental na Gestão das Aquisições e Metodologia de Investigação Adoptada

DESAFIOS INTERNOS	REFERÊNCIA	INVESTIGAÇÃO METODOLOGIA
Preocupação com os custos, falta de compreensão da forma de incorporar as questões ambientais nas compras, relutância em mudar as práticas tradicionais, conflito com o objetivo da empresa, perda de vantagem competitiva Resistência dos trabalhadores	Ayarkwa, Ayirebi- Dansoh, Amoah(2010)	Inquérito/questionário
Falta de conhecimento sobre a forma de incorporar o verde nas compras	Cooper et al. (2000)	Caso estudo/entrevistas
Concentração na redução de custos em detrimento de práticas ecológicas, falta de empenhamento da gestão, falta de sensibilização dos compradores	Min e Galle (2001)	Inquérito/questionário
Falta de formação	Bowen et al. (2001a, b), ayarkwah	Entrevistas/questionário
Falta de formação e de empenhamento	Carter e Dresner (2001)	Caso estudo/entrevistas
Os custos dificultam a ecologização da indústria florestal	Caro et al. (2003)	Inquérito/modelação
Os métodos contabilísticos limitam a informação ecológica	Rao e Holt (2005)	Inquérito/questionário
Custos, especialmente para as PME	Hervani e Helms (2005)	Inquérito
Pressão para baixar os preços	Orsato (2006)	Estudos de casos
Falta de pessoal	Ayarkwa, Ayirebi- Dansoh, Amoah(2010)	Revisão da literatura, inquérito e questionário

2.6.3 Desafios externos

Falta de regulamentação e regulamentação pouco clara: Walker et al (2008) argumenta que a legislação e a regulamentação ambiental podem inibir a inovação ao prescreverem as melhores técnicas disponíveis e ao estabelecerem prazos pouco razoáveis. Nalgumas questões ambientais não existe qualquer regulamentação e muitas não são claras.

Falta de apoio governamental: o governo é responsável por assumir a liderança no desenvolvimento sustentável, no entanto, pouco apoio é fornecido nas áreas de finanças e estrutura legal para incorporar

questões de sustentabilidade ambiental na aquisição de construção (Ayarkwa et al., 2010).
Comunicação deficiente: É importante comunicar uma política de compras ecológicas a um vasto leque de partes interessadas, incluindo os actuais e futuros fornecedores, prestadores de serviços ou contratantes, para que estes possam ter em conta os novos requisitos (Comissão Europeia, 2011). A cooperação entre as autoridades de compras é outra forma de aumentar o acesso a conhecimentos e competências ambientais e de comunicar a política ao mundo exterior. De acordo com Vachon e Klassen (2006), as empresas não estão muitas vezes dispostas a trocar informações sobre o fornecimento ecológico por receio de exporem falhas ou de divulgarem informações a outras empresas para obterem vantagens competitivas. Ao analisar as relações entre um cliente e vinte fornecedores, verificou-se que a confidencialidade era uma dificuldade importante nas cadeias de abastecimento ecológicas (Wycherley, 1999 citado em Walker et al 2008).
Desafios industriais específicos: Verificou-se que existem diferentes factores, desafios e práticas vividos por diferentes empresas em diferentes indústrias, o que pode influenciar o grau de reatividade ou proactividade das empresas de um determinado sector em relação à oferta ambiental (Zhu e Sarkis, 2006).
Falta de vontade de trocar informações: Wycherley (1999) concluiu que a maioria das empresas não está disposta a trocar informações sobre práticas respeitadoras do ambiente por receio da concorrência.
O quadro seguinte apresenta um resumo dos desafios à incorporação das questões ambientais na gestão dos contratos públicos.

Quadro 2. 21 Resumo dos desafios à incorporação das questões de sustentabilidade ambiental na gestão dos contratos públicos e metodologia de investigação adoptada

DESAFIOS EXTERNOS	REFERÊNCIA	INVESTIGAÇÃO METODOLOGIA
Falta de regulamentação Regulamentação pouco clara	Porter e Van de Linde, 1995, citado em Walker et al 2008)	Inquérito/Questionário
Falta de apoio governamental Falta de conhecimentos no sector	Ayarkwa, Ayirebi-Dansoh, Amoah(2010)	Inquérito/Questionário
Inibe a inovação Fraco empenhamento dos fornecedores	Porter e van de Linde (1995)	Estudos de casos
Não querer trocar informações	Wycherley (1999)	Estudo de caso/entrevistas
Barreiras específicas do sector Os diferentes sectores têm desafios diferentes	Zhu e Sarkis (2006)	Estudo de caso/entrevistas

A próxima secção aborda as áreas sensíveis do ponto de vista ambiental no sector da construção que podem ser consideradas necessárias para incluir cláusulas de sustentabilidade ambiental no processo de adjudicação.

2.7 Questões de sustentabilidade ambiental na construção

Podemos identificar as questões de sustentabilidade ambiental da construção dando uma vista de olhos a algumas das leis ambientais do Gana. De acordo com os Regulamentos de Avaliação Ambiental (1999), Anexo 5 (Regulamento 30 (2)), as seguintes áreas são designadas como áreas ambientalmente sensíveis:

- Todas as áreas declaradas por lei como parques nacionais, reservas de bacias hidrográficas, reservas de vida selvagem e santuários, incluindo bosques sagrados;
- Zonas com valor turístico potencial;
- Zonas que constituem o habitat de qualquer espécie de vida selvagem autóctone (flora e fauna) ameaçada ou em perigo de extinção;
- Zonas de interesse histórico, arqueológico ou científico único;
- Zonas tradicionalmente ocupadas por comunidades culturais;
- Zonas propensas a catástrofes naturais (riscos geológicos, inundações, tempestades, sismos, deslizamentos de terras, atividade vulcânica, etc.);
- Áreas propensas a incêndios florestais;
- Zonas montanhosas com declives críticos;
- Zonas classificadas como terras agrícolas de primeira qualidade;
- Zonas de recarga de aquíferos;
- Massas de água caracterizadas por uma ou qualquer combinação das seguintes condições:
    - o água captada para fins domésticos;
    - o água nas zonas controladas e/ou protegidas;
    - o água que apoia a vida selvagem e as actividades de pesca.
- Zonas de mangais caracterizadas por uma ou qualquer combinação das seguintes condições
    - o áreas com crescimento primário prístino e denso;
    - o zonas adjacentes à foz de um grande sistema fluvial;
    - o zonas próximas ou adjacentes a pesqueiros tradicionais e
    - o zonas que actuam como amortecedores naturais contra a erosão da costa, ventos fortes ou inundações provocadas por tempestades.

Estas áreas, tal como destacadas nos Regulamentos de Avaliação Ambiental (1999), constituem todas questões ambientais que podem ser abordadas através do processo de aquisição. O quadro seguinte apresenta algumas actividades de construção comuns associadas ao ambiente que podem ser consideradas como questões de sustentabilidade ambiental. Estas actividades afectam o ambiente de várias formas e estão associadas a quase todas as formas de construção.

Quadro 2. 22 Actividades de construção comuns associadas ao ambiente

CATEGORIAS DE TRABALHO	EXEMPLOS DE ACTIVIDADES DA OPERAÇÃO
Investigações do sítio	Furos de ensaio, recolha de amostras de solo e de rocha, poços de ensaio, ensaios de sustentação do solo e outros ensaios físicos, etc.
Demolição e limpeza do local	Remoção de edifícios e estruturas existentes, estradas de acesso temporário, remoção de solo superficial, limpeza de árvores e arbustos, e remoção de serviços existentes
Processos geotécnicos e outros processos especializados	Vários métodos pelos quais as propriedades do solo são modificadas, incluindo betumação, drenagem, paredes diafragma e outras barreiras impermeáveis, e recuperação de terrenos contaminados
Abertura de túneis	Perfurações, explosões e eliminação de resíduos
Terraplenagem	Dragagem, escavação para fundações e caves, reperfilamento dos contornos do terreno, etc.

Empilhamento	As variantes incluem furado ou acionado; pré-formado ou fundido em locais
Superestrutura	Fabrico de componentes pré-formados, moldagem de estruturas, colocação de tijolos, blocos, pedras e enrocamentos, etc.
Serviços	Esgotos, abastecimento de água e gás, etc.
Estradas e pavimentação	Vias de acesso, incluindo vias públicas, zonas de carga e parques de estacionamento
Montagem	Instalação das instalações, dos serviços internos, dos revestimentos e dos ensaios, etc.
Paisagismo	Plantação, sementeira e substituição do solo superficial, etc.

Fonte: (Pun et al. 2001)

Pun et al. (2001) também identificaram poluentes comuns nos estaleiros de construção que afectam inevitavelmente o ambiente. Estes constituem questões de sustentabilidade ambiental que devem ser abordadas através de contratos de construção.

Quadro 2. 23 Poluentes comuns em estaleiros de construção

MAIOR FONTES	EXEMPLOS DE POLUENTES
Ar	Conduta e cheiro a lenha queimada
Ruído	Som indesejado de operações de máquinas
Água	Águas residuais após a lavagem de automóveis, sistemas de arrefecimento e mistura de betão ou outras misturas
Resíduos	Resíduos sólidos e químicos após a construção
Mercadorias perigosas	Utilização ou armazenamento de produtos químicos e ácidos no local
Amianto	Materiais que contêm amianto manuseados durante a renovação e as alterações

Fonte: (Pun et al., 2001)

2.7 Identificar questões de sustentabilidade ambiental Considerações na construção A Tabela 2.13 resume como identificar questões ambientais relevantes que podem ser incorporadas na aquisição da construção. A tabela mostra o impacto ambiental e as considerações das actividades de construção discutidas por Ofori (2000).

2.8 Como integrar as questões de sustentabilidade ambiental nas cláusulas de execução dos contratos de empreitadas de obras ou de prestação de serviços (Lições dos procedimentos de adjudicação de contratos da União Europeia)

As cláusulas de execução do contrato especificam a forma como um contrato deve ser executado. As considerações ambientais podem ser incluídas nas cláusulas de execução do contrato, desde que sejam publicadas no anúncio de concurso ou no caderno de encargos e cumpram a legislação aplicável. De acordo com a Comissão Europeia (2011), as cláusulas de execução do contrato possíveis para os contratos de obras ou de serviços são as seguintes

1. **A forma como o serviço ou trabalho é efectuado:**
   - Aplicação de medidas específicas de gestão ambiental, se for caso disso, em conformidade com um sistema certificado por terceiros, como o EMAS ou a norma ISO 14001
   - Minimização dos resíduos associados ao contrato, por exemplo, através da inclusão de objectivos específicos ou de montantes máximos acompanhados de cláusulas de penalização ou de bónus
   - Utilização eficiente de recursos como a eletricidade e a água no local
   - Utilização de indicadores de dosagem para garantir quantidades adequadas de produtos de limpeza, etc.
2. **Formação do pessoal do contratante:**
   Pessoal com formação sobre o impacto ambiental do seu trabalho e sobre a política ambiental da autoridade em cujos edifícios irão trabalhar
3. **Transporte de produtos e ferramentas para o local:**

- Entrega dos produtos no local sob a forma concentrada e posterior diluição no local
- Utilização de contentores ou embalagens reutilizáveis para o transporte de produtos
- Redução das emissões de CO2 ou de outros gases com efeito de estufa associados aos transportes

4. **Eliminação de produtos ou embalagens usados:**
   Produtos ou embalagens levados para reutilização, reciclagem ou eliminação adequada pelo contratante

2.9 Resumo do segundo capítulo

Este capítulo revelou que as questões ambientais podem ser incluídas num contrato de construção, desde que os requisitos básicos de aquisição não sejam violados. Revelou que existe uma série de legislação local e internacional para a proteção do ambiente no Gana, mas que esta não foi capaz de resolver o problema ambiental do país. O capítulo também abordou os factores que impulsionam a incorporação de questões de sustentabilidade ambiental nos contratos públicos, bem como os desafios. Identificou-se que os contratos públicos têm um ímpeto suficiente para ajudar a resolver o problema ambiental do Gana através da incorporação de questões de sustentabilidade ambiental nos contratos públicos. Este objetivo pode ser alcançado através da inserção de requisitos ambientais no documento do concurso e da garantia do seu cumprimento. É possível aplicar critérios ambientais de adjudicação, desde que esses critérios: estejam relacionados com o objeto do contrato; não confiram à entidade adjudicante uma liberdade de escolha ilimitada; sejam expressamente mencionados no anúncio de concurso e nos documentos do concurso, juntamente com a respectiva ponderação e quaisquer subcritérios aplicáveis; não sejam critérios de seleção (por exemplo, experiência ou capacidade geral); respeitem os princípios fundamentais da legislação do Gana em matéria de contratos públicos e outras leis e legislação conexas.

CAPÍTULO 3
MATERIAIS E MÉTODOS

3.1 Introdução

Este capítulo apresenta a abordagem seguida para a realização do trabalho, a fim de alcançar o objetivo e os objectivos do estudo. As secções apresentam uma visão geral da área de estudo, da conceção da investigação, das técnicas de amostragem e dos instrumentos de investigação. Cada uma destas secções descreve a forma como o processo de investigação foi realizado para recolher os dados necessários. O capítulo apresenta também o processo adotado para a análise dos dados e as questões éticas.

3.2 Área de estudo

A Região Ocidental representa cerca de 10% da superfície terrestre total do Gana, cobrindo uma área de 23.921 quilómetros quadrados. Está situada na parte sudoeste do Gana, fazendo fronteira com a Costa do Marfim a oeste, com a região central a leste, com as regiões de Ashanti e Brong-Ahafo a norte e com 192 km de costa do Oceano Atlântico a sul. A parte mais a sul da região é também a parte mais a sul do Gana, chamada Cabo das Três Pontas, perto de Busua. Existem 410 142 agregados familiares em 259 874 casas, o que dá uma média de 1,6 agregados familiares por casa na região (Serviço de Estatística do Gana, 2012). A maioria foi construída nos anos do boom económico do cacau e da madeira, no final da década de 1950 e início da década de 1960. Há congestionamento em muitas casas, o que resultou na construção de novos edifícios em áreas que serviam como terras agrícolas e outros fins. São necessárias medidas para reduzir o efeito destas crescentes actividades de construção no ambiente. As principais preocupações ambientais na região ocidental incluem: Impactos da exploração mineira em grande e pequena escala, desflorestação, poluição industrial (eliminação de resíduos sólidos, descargas de efluentes e emissões gasosas), erosão costeira e saneamento, saneamento urbano, jacinto de água/poluição marinha. A região ocidental foi selecionada com base nestas preocupações ambientais crescentes. Estas preocupações ambientais resultantes das actividades de construção podem ser reduzidas através da incorporação de questões ambientais nos contratos públicos nos vários distritos. A Figura 3.1 ilustra o mapa da área de estudo.

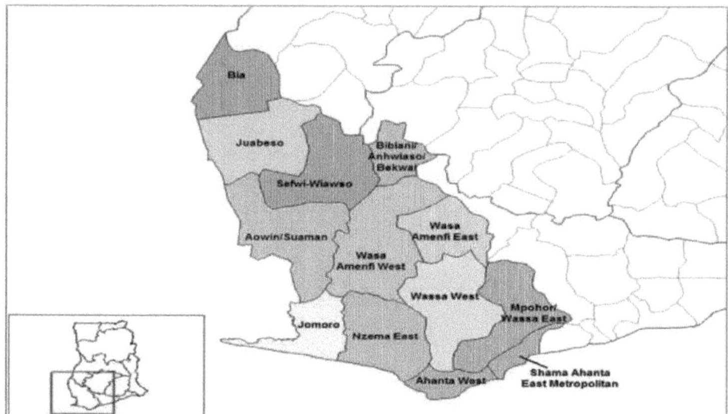

Figura 3. 1 Mapa da área de estudo (Região Oeste)

Para uma repartição pormenorizada das localizações administrativas regionais ocidentais utilizadas no estudo, ver quadro 3.1.

3.3 Conceção da investigação

A fim de compreender os factores que impulsionam a incorporação de questões de sustentabilidade ambiental nos contratos públicos, bem como os desafios, foi utilizada uma investigação explicativa para explicar os factores que impulsionam e os desafios à incorporação de questões de sustentabilidade ambiental nos contratos públicos na Região Oeste.

A investigação explicativa implica a recolha de dados para responder a questões relativas à situação atual do objeto da investigação (Gay, 1990). Yin (1993) explicou que a investigação explicativa é um inquérito empírico que explica a relação causal entre a causa e o efeito de um fenómeno. Nesta investigação explicativa, foram utilizadas várias fontes de provas, tal como sugerido por Yin (1993). É económico e conveniente para um estudo desta natureza.

3.4 Fontes de dados

Para o estudo, foi obtida uma fonte primária de dados. Os dados primários foram obtidos diretamente dos inquiridos nas vinte e duas assembleias distritais da Região Ocidental do Gana através da administração de questionários. Os dados primários forneceram dados empíricos para este estudo sobre os desafios e os factores que impulsionam a incorporação de questões de sustentabilidade ambiental nos contratos de construção a nível distrital.

3.5 População do estudo

A população do estudo era constituída pelos seguintes elementos:

- Engenheiros distritais;
- Avaliadores de quantidades;
- Responsáveis pelas aquisições e
- Responsáveis pelo ambiente.

O envolvimento dos oficiais de aprovisionamento, engenheiros distritais e inspectores de quantidade ajudou a trazer à tona os desafios na incorporação de questões de sustentabilidade ambiental no aprovisionamento de construção e outros problemas no processo de aprovisionamento ao nível distrital. Os responsáveis pelas aquisições, os engenheiros distritais e os responsáveis pelos levantamentos de quantidades ajudaram a revelar os factores que impulsionam as questões ambientais no processo de aquisição. A inclusão de funcionários ambientais ajudou o investigador a conhecer as leis ambientais relevantes e os problemas que poderiam ser resolvidos através do processo de aquisição de construção.

3.6 Dimensão da amostra para o estudo

Existem várias abordagens para determinar a dimensão da amostra de um estudo. Estas incluem: utilizar um censo para populações pequenas; imitar um tamanho de amostra de um estudo semelhante; utilizar tabelas publicadas; e, por último, aplicar uma fórmula como a fórmula de Kish e outras (Nkyi, 2012). Para este estudo, foi utilizada a técnica de amostragem por censo para selecionar os vinte e dois distritos devido ao facto de todos os distritos estarem localizados numa região, a Região Ocidental, e de o número de distritos ser relativamente pequeno.

Tabela 3. 1 Mmda's na região ocidental utilizados na investigação

LI	Metropolitana	Capital	Número de Inquiridos
1928	Sekondi-Takoradi	Sekondi	4
	ASSEMBLEIAS MUNICIPAIS		
1886	Tarkwa Nsuaem	Tarkwa	4
1917	Nzema Leste	Axim	4
2015	Sefwi Wiaso	Sefwi Wiaso	4
	ASSEMBLEIAS DISTRITAIS		
1387	Bibiani/Ahwiaso/Bekwai	Bibiani	4
1394	Jomoro	Meia Assini	4
1395	Ahanta Oeste	Agona Nkwanta	4
1757	Amenfi Oeste	Wassa Akropong	4

1840	Vale de Prestea-Huni	Bogoso	4
1882	Shama	Shama	4
1884	Sefwi Akontobra	Sefwi Akontobra	4
1918	Ellembele	Nkroful	4
2011	Wassa Amenfi Central	Manso	4
2012	Wassa Amenfi Oeste	Asankrogua	4
2013	Bia West	Essam-Dabiso	4
2014	Bia Leste	Adabokrom	4
2016	Suamã	Dadieso	4
2017	Aowin/Suaman	Enchi	4
2018	Wassa Leste	Daboase	4
2019	Mpohor	Mpohor	4
2020	Juaboso	Juaboso	4
2021	Bodie	Bodie	4
22			**88**

Estes inquiridos foram selecionados na metrópole de Sekondi-Takoradi, no município de Tarkwa, no município de Nzema East e no município de Sehwi Wiaso, incluindo 18 outros distritos. Como se pode ver na Tabela 3.1, foram selecionados 4 inquiridos de cada uma das metrópoles, municípios e assembleias distritais acima mencionadas, incluindo engenheiros distritais, inspectores de quantidades, funcionários de aquisições e funcionários ambientais. Do número total de 88 questionários enviados, foram recebidas 60 respostas.

3.7 Técnica de amostragem

Para selecionar as amostras a incluir no estudo, foram utilizadas técnicas de amostragem não probabilísticas. Nomeadamente, a técnica de amostragem intencional, que é uma técnica não probabilística

foi utilizada a técnica de amostragem para selecionar os responsáveis pela contratação pública, os responsáveis pelo ambiente, os engenheiros distritais e os inspectores de quantidade. Isto porque se acreditou que todos estes funcionários eram responsáveis pela aquisição de construção e estavam na melhor posição para responder às perguntas da investigação. Foi também adoptada a técnica de amostragem snow-ball para identificar os inquiridos pelo nome e contacto (*cf.* Somiah, 2014). Com o método snow-ball, foi identificado um inquirido na metrópole de Sekondi-Takoradi e, através dele, foi fornecido o nome de outro inquirido noutro distrito, que, por sua vez, forneceu o nome de um terceiro noutro distrito, o terceiro forneceu o nome do quarto noutro distrito e assim sucessivamente, até que os vinte e dois distritos estivessem cobertos. Esta estratégia ajudou a melhorar a taxa de resposta.

3.8 Instrumento de investigação

O estudo utilizou um questionário como principal instrumento de recolha de dados. De acordo com Saunders (2007), o questionário é utilizado para a investigação explicativa que permitirá ao estudo examinar e explicar as relações entre as variáveis, em particular as relações de causa e efeito. O questionário utilizado foi apropriado porque se partiu do princípio de que os oficiais de aquisições, os oficiais do ambiente, bem como os engenheiros distritais e os inspectores de quantidades eram alfabetizados e, por isso, poderiam responder às perguntas sem qualquer ajuda. O uso de um questionário também facilitou a recolha de dados que assegurou a melhor correspondência entre os conceitos e a realidade; forneceu as mesmas respostas de um determinado conjunto de inquiridos e ajudou a reduzir os inconvenientes causados por tempos de entrevista desfavoráveis e horários ocupados.

3.8.1 Questionário

As perguntas foram concebidas com o objetivo de captar;

1. Vontade (determinado conjunto de valores que motivam as questões de sustentabilidade ambiental),
2. Conhecimento (conhecimento sobre como incorporar questões de sustentabilidade ambiental) e
3. Oportunidade (a possibilidade de o fazer na prática) (*cf.* Dolva, 2007).

O questionário foi dividido em quatro (4) partes, incluindo diferentes tipos de perguntas: antecedentes (6 perguntas); práticas actuais de contratos públicos de construção sustentáveis do ponto de vista ambiental (8 perguntas); factores que impulsionam a incorporação de questões de sustentabilidade ambiental nos contratos públicos (15 perguntas); desafios à incorporação de questões de sustentabilidade ambiental nos contratos públicos (40 perguntas); tendências e melhorias futuras (4 perguntas). A versão final do questionário de quatro páginas baseou-se em cinco revisões e num estudo-piloto efectuado por um perito em contratos públicos de construção do Politécnico de Takoradi.

No total, foram enviados 88 questionários para este estudo, dos quais 22 foram entregues aos responsáveis pelas aquisições, inspectores de quantidades, engenheiros distritais e os restantes foram entregues aos responsáveis pelo ambiente. Foram recolhidos sessenta questionários, o que fez com que a taxa de resposta fosse de 68%. O investigador aplicou pessoalmente o questionário aos inquiridos entre os meses de maio e julho de 2014. O questionário estruturado foi utilizado para orientar o investigador na entrevista aos inquiridos. O questionário consistia principalmente em perguntas fechadas e algumas perguntas abertas, com base nos objectivos da investigação, e pode ser encontrado no apêndice.

3.9 Análise e apresentação de dados

Os dados recolhidos através de inquéritos por questionário (exceto as perguntas abertas) foram analisados utilizando técnicas quantitativas. As técnicas de análise de dados dependem do tipo de dados recolhidos e das suas escalas de medida: nominal, ordinal, intervalar e de razão. Por conseguinte, a identificação das escalas de medida dos dados é essencial antes de uma análise estatística dos dados recolhidos. Uma das escalas de avaliação mais comuns é a escala de Likert. Tal como acontece com outras escalas, a escala de Likert também é utilizada como uma escala somada ou como um item individual da escala. A escala de Likert é muito utilizada para medir a atitude e a imagem (Jacoby e Matell, 1971) e é frequentemente considerada como uma escala intervalar. Devido à sua natureza ordinal, Elene e Seaman (2007) afirmaram que a escala de Likert é mais adequada para os dados que são analisados por procedimentos não paramétricos, como frequências e tabulação.

As escalas de classificação utilizadas no questionário deste estudo foram efectuadas numa escala de 5 pontos. A escala de 5 pontos permite que os inquiridos expressem neutralidade e ajuda a eliminar a escolha forçada de uma resposta favorável. Ajuda a minimizar o enviesamento da resposta positiva (Gamage, 2011).

O software informático de análise de dados, como o Statistical Package for Social Sciences (SPSS), foi a principal ferramenta utilizada para analisar os dados, a fim de ajudar a interpretar os resultados. A justificação para a escolha destes programas foi o facto de estas técnicas facilitarem o processamento de texto e a análise de dados com muita facilidade e proporcionarem apresentações pictóricas precisas.

3.10 Análise Fatorial

As principais aplicações da análise fatorial neste estudo foram a redução do número de variáveis e a classificação das variáveis (Tabachnick e Fidell, 1996). A análise fatorial foi, portanto, aplicada como um método de redução de dados ou de deteção de estruturas nesta investigação.

Na revisão da literatura, foram identificados os factores que impulsionam a incorporação de questões de sustentabilidade ambiental nos contratos públicos de construção. Em cada um dos 15 factores, foi pedido aos inquiridos que indicassem em que medida esse fator influenciava os profissionais de

contratos públicos de construção a incorporar questões de sustentabilidade ambiental no processo de contratos públicos de construção, com base numa escala de Likert de cinco pontos em que: 1-Menos significativo, 2-Menos significativo, 3-Significativo, 4-Mais significativo e 5-Mais significativo.
Em cada um dos 40 factores, foi pedido aos inquiridos que indicassem o desafio mais significativo para a incorporação de questões de sustentabilidade ambiental no processo de contratação de construção a nível distrital, com base numa escala de Likert de cinco pontos, em que: 1 - Menos significativo, 2 - Menos significativo, 3 - Significativo, 4 - Mais significativo e 5 - Mais significativo. Além disso, foram solicitadas respostas numa escala de 5 pontos (1 - Discordo totalmente, 2 - Discordo, 3 - Incerto, 4 - Concordo, 5 - Concordo totalmente) para medir o grau de concordância em relação a: áreas do documento do concurso em que as questões ambientais poderiam ser incorporadas; e fases do processo de adjudicação em que as questões ambientais podem ser incorporadas. Numa escala de Likert de 3 pontos (sendo 1-Baixo, 2-Médio e 3-Alto), foram solicitadas respostas sobre o impacto das actividades de construção no ambiente. Após terem sido satisfeitos todos os testes necessários de fiabilidade, de adequação da dimensão do inquérito e da matriz populacional, o conjunto de dados foi submetido a uma análise de factores utilizando a Análise de Componentes Principais (ACP) com rotação varimax. Os valores de extração (valores próprios) superiores a 0,50 na iteração inicial indicaram que a variável é significativa e foram incluídos nos dados para análise posterior (*cf.* Field, 2005). A partir das pontuações, foi possível classificar cada um dos factores de acordo com as pontuações médias calculadas da seguinte forma (*c.f* Ayarkwa et al., 2010):

$$\mu = \frac{\sum_{i=0}^{n5} i.fi}{\sum_{i=1}^{n5} f\,i}$$

Onde *f* é a frequência da pontuação e *i* é para o fator em questão. O teste t de uma amostra foi utilizado para determinar se a classificação média de um fator é significativamente diferente da média da população, p = 3 (cf. Ayarkwa et al., 2010). As estatísticas do teste foram obtidas a partir da fórmula

$$t = \frac{\sqrt{n}\,(\bar{x} - \mu_x)}{s}$$

em que $\bar{x}$ é a média da amostra; px é a média da população; s é o desvio padrão da amostra e n é a dimensão da amostra.

3.10.1 Considerações iniciais

A análise fatorial depende da matriz de correlação dos factores envolvidos (Somiah, 2014). As correlações necessitam normalmente de uma amostra de grande dimensão antes de se estabilizarem. A dimensão da amostra determina a fiabilidade da análise fatorial. É necessário um mínimo de dez observações por variável para evitar dificuldades de cálculo (Decoster, 1998 citado em Somiah, 2014). Uma escolha adequada é oferecida pelo SPSS para verificar se a amostra é suficientemente grande: a medida Kaiser-Meyer-Olkin de adequação da amostragem (teste KMO). De acordo com a literatura existente, o valor do KMO deve ser superior a 0,5 (*cf.* Somiah, 2014). O teste de esfericidade de Bartlett foi utilizado para estabelecer as correlações potenciais que sugerem a existência de clusters nos factores.

3.11 Teste T de uma amostra

O teste t avalia se as médias de dois grupos são estatisticamente diferentes uma da outra. Foram utilizados dois tipos principais de teste t. Estes incluem o teste t para amostras independentes, que foi utilizado para comparar as pontuações médias de dois grupos diferentes de pessoas ou condições; e o teste t para amostras emparelhadas, que foi utilizado para comparar as pontuações médias do mesmo grupo de pessoas em duas ocasiões diferentes (Ahadzie, 2007).
Ao analisar os resultados dos factores que impulsionam a incorporação de questões de sustentabilidade ambiental nos contratos de construção e os desafios à incorporação de questões ambientais nos contratos de construção, foi utilizado o teste t de uma amostra para verificar a significância relativa dos factores. Foi fixada uma média arbitrária a um nível adequado de 3,0 e o nível de significância foi fixado em 95%, de acordo com os níveis de risco previsíveis (*cf.* Ayarkwa et al., 2010).

3.12 Ética na investigação

Didenko e Konovets (2008) referiram que qualquer investigador que recolha dados, analise e comunique resultados pode ter de enfrentar preocupações éticas. Por conseguinte, esta secção indica as preocupações éticas do investigador.
sensibilização neste domínio. Os inquiridos foram informados de que o objetivo da investigação é inteiramente académico; a participação no inquérito é voluntária; por qualquer motivo, nenhuma informação pode ser atribuída aos inquiridos; e todas as respostas serão mantidas confidenciais.

3.13 Resumo do Capítulo Três

Este capítulo descreveu os elementos-chave que são primordiais na decisão de uma metodologia de investigação adequada para abordar os problemas de investigação. O capítulo descreveu os pressupostos filosóficos subjacentes aos métodos de investigação, bem como o método de recolha de dados utilizado no estudo. A técnica analítica adoptada para o estudo também foi clarificada. O Quadro 3.2 apresenta um resumo da conceção da investigação para este estudo.

Quadro 3. 2 Resumo da conceção da investigação

NÍVEL DE DECISÃO	ESCOLHA
Pressupostos epistemológicos e ontológicos	Positivismo, Interpretativo
Instrumento de investigação	questionários
Técnicas de investigação	Estudo explicativo
Organização	Assembleias Distritais da Região Oeste
Análise das subunidades	Departamento do Ambiente, Departamento de Compras, Departamento de Planeamento, Departamento de Obras,
Assunto	Incorporar Ambiental Questões de sustentabilidade na adjudicação de contratos de construção a nível distrital no Gana

O capítulo 4 apresenta os resultados do estudo.

CAPÍTULO 4

RESULTADOS E DEBATES

4.1 Introdução

Este capítulo apresenta os resultados do questionário administrado às 22 assembleias distritais na região ocidental do Gana. Estes resultados revelam as actuais práticas de gestão ambiental, no que diz respeito à aquisição de construção e ao papel dos Funcionários do Ambiente na aquisição de construção. O inquérito por questionário realçou o envolvimento das partes interessadas na sustentabilidade ambiental no que respeita à contratação de construção a nível distrital. Os resultados apresentam-se sob a forma de resumos estatísticos descritivos (quantitativos).

4.2 Informações de base

Foi feita uma tentativa de estabelecer uma compreensão mais profunda dos antecedentes dos inquiridos. De acordo com Bansa (2007), pode ser possível selecionar a melhor instituição para a investigação, mas é mais importante saber se as pessoas certas nessa instituição foram contactadas, uma vez que as pessoas mais importantes são as que podem dar-nos todas as respostas necessárias. Bodriguez (2008) indicou que a posição ocupada por qualquer pessoa desempenha um papel importante em todas as respostas que lhe são dadas. Por exemplo, se for feita a mesma pergunta a um responsável pelas aquisições e a um engenheiro distrital, por exemplo Quanto tempo levaria para a construção de uma casa de banho? As suas respostas a esta pergunta seriam diferentes, uma vez que todos têm antecedentes diferentes.

Quadro 4. 1 Posição do inquirido

Resposta	Frequências	Percentagem %
Diretor executivo	0	0.0
Responsável pelo aprovisionamento	13	21.7'
Responsável pelo desenvolvimento	0	0.0
Chefe de loja	0	0.0
Engenheiro distrital	17	28.3
Inspetor de quantidades	16	26.7
Responsável pelo ambiente	14	23.3
Gestor de projectos	0	0.0
Valor em falta	0	0.0
Total	60	100

Fonte: Inquérito de campo 2014

Os dados apresentados na Tabela 4.1 acima mostram que um grande número de inquiridos, representando 28%, são Engenheiros Distritais. Enquanto 27% dos inquiridos são Agrimensores de Quantidade, seguem-se os Oficiais do Ambiente com 23%, 22% do total dos inquiridos são Oficiais de Aprovisionamento. Além disso, os seguintes cargos, tais como Chefe do Executivo, Diretor de Desenvolvimento, Chefe das lojas, Gestor de Projectos, não receberam nenhum inquirido, representando 0%. É seguro mencionar que todos os 60 inquiridos nos 19 distritos são Engenheiros Distritais, Agrimensores de Quantidade, Oficiais do Ambiente e Oficiais de Aprovisionamento. Temos a certeza de um bom resultado, uma vez que a maioria dos inquiridos tem experiência em questões de Aprovisionamento de Construção a nível distrital e tem elevada competência para fornecer dados credíveis e representativos.

Tabela 4. 2 Há quanto tempo exerce a sua atividade profissional

Resposta	Frequências	Percentagem %
<5 anos	14	23.3
5-10 anos	17	28.3
>10 anos	29	48.3
Outros	0	0.0
Total	60	100

Fonte: Inquérito de campo 2014

Foram efectuados estudos empíricos para investigar o número de anos de exercício da profissão. Rodriguez-Rodriguez (2011) indicou que as pessoas que permanecem muito tempo na mesma profissão sabem mais sobre o seu trabalho e ganham muita experiência, uma vez que lidam constantemente com o mesmo trabalho repetidamente. Anteriormente, outros autores consideraram que o número de anos que se permanece num determinado trabalho reduz a produtividade, afirmando que, quando o mesmo trabalho é feito durante um período de tempo, torna-se aborrecido e a preguiça instala-se. Berger e Udell (1998) argumentam, na sua investigação, que os trabalhadores recém-empregados chegam com uma nova experiência e trabalham com zelo, mas à medida que permanecem no mesmo trabalho habituam-se à velha experiência com que entraram. No entanto, concluíram que, apesar de isso poder ser uma possibilidade, a experiência é sempre adquirida com o trabalho, mas aconselham os trabalhadores a procurarem sempre formação no local de trabalho. Com base nestas experiências, foi necessário saber há quanto tempo o nosso inquirido está no seu respetivo trabalho profissional para determinarmos o seu nível de experiência no respetivo trabalho. O critério de experiência e profissionalismo no contexto desta investigação é determinado pelo número de anos de prática. De acordo com a Tabela 4.2 acima, 23,3% dos inquiridos envolvidos no inquérito exercem a profissão há menos de 5 anos. Entretanto, 28,3% dos inquiridos estão na profissão entre 5 e 10 anos. Mas 48,3%, que constituem a maior parte dos inquiridos, permaneceram na sua respectiva profissão por um período superior a 10 anos. As conclusões retiradas destes resultados são as seguintes: os resultados dão indicações de que os inquiridos têm uma experiência razoável na sua área respectiva. Além disso, os resultados sugerem que a maioria dos inquiridos são regularmente activos e tiveram a oportunidade de fazer parte de muitas questões sobre a aquisição de construção a nível distrital. Parece, portanto, plausível concluir que aqueles que responderam ao inquérito são suficientemente experientes em questões de contratação de construção a nível distrital e são competentes para fornecer dados que são credíveis e representativos.

4.3 Práticas actuais de gestão de contratos de construção ao nível da Assembleia Distrital

Esta secção pretende chamar a atenção para os impactos ambientais das actividades de construção e para os esforços de incorporação das questões ambientais no processo de adjudicação de contratos de construção, em conformidade com a Lei dos Contratos Públicos, Lei 663 (2003), nos vários distritos da Região Oeste.

4.3.1 Sensibilização para o impacto das actividades de construção no ambiente

Foi pedido aos inquiridos que classificassem o impacto das suas actividades de construção no ambiente. Os resultados são apresentados no Quadro 4.3 abaixo e discutidos.

Tabela 4. 3 Impactos das actividades de construção no ambiente

Classificação	Baixa	Médio	Elevado	Total
Resposta	**Freq (%)**	**Freq (%)**	**Freq(%)**	
Impacto do ruído e das vibrações	11(18.3%)	30(50.0%)	19(31.7%)	60(100%)
Impactos na qualidade do ar	20(33.3%)	16(26.7%)	24(40.0%)	60(100%)
Impactos visuais	32(53.3%)	8(13.3%)	20(33.3%)	60(100%)
Impactos na qualidade da água	7(11.7%)	13(21.7%)	40(66.7%)	60(100%)
Impactos dos resíduos de construção	20(33.3%)	5(8.3%)	35(58.3%)	60(100%)
Elevado consumo de energia	40(66.7%)	15(25.0%)	5(8.3%)	60(100%)
Desflorestação	9(15.0%)	12(20.0%)	39(65.0%)	60(100%)
Outros	5(8.3%)	10(16.7%)	45(75.0%)	60(100%)

Fonte: Inquérito de campo 2014

Harry (2002), na sua investigação para avaliar o efeito das actividades humanas no ambiente, apontou uma série de aspectos que são afectados durante a construção. Entre eles estão a desflorestação, a produção de resíduos, a poluição da água, os impactos visuais e a poluição atmosférica. Segundo ele, apesar de os empreiteiros estarem conscientes de todos estes efeitos negativos no ambiente, pouco é feito para proteger os residentes, a floresta e as massas de água. A Tabela 4.3 acima mostra as respostas dos inquiridos sobre os impactos que as actividades de aquisição de construção têm no ambiente. Quanto ao 'Ruído e vibrações', 30 dos inquiridos, representando 50,0%, classificaram-no como tendo um impacto médio, 19 deles, representando 31,7%, também o classificaram como tendo um impacto elevado, enquanto apenas 11 deles, representando 18,3%, o classificaram como tendo um impacto baixo. Quanto ao impacto das actividades de construção na 'qualidade do ar', 24 dos inquiridos, representando 40,0%, classificaram-no como tendo um impacto elevado, 20 dos inquiridos, representando 33,3%, classificaram-no como tendo um impacto baixo e os restantes, representando 16,7%, classificaram-no como tendo um impacto médio. Mais ainda, no que diz respeito aos 'Impactos visuais', 32 dos inquiridos, representando 53,3%, classificaram-no como tendo um impacto baixo, 20 dos inquiridos, representando 33,3%, classificaram-no como tendo um impacto elevado, enquanto alguns dos inquiridos, representando 13,3%, classificaram-no como tendo um impacto médio. No entanto, no que diz respeito ao impacto na qualidade da água, 40 dos inquiridos, representando 66,7%, classificaram-no como tendo um impacto elevado, 13 dos inquiridos, representando 21,7%, classificaram-no como tendo um impacto médio e apenas 7 deles, representando 11,7%, classificaram-no como tendo um impacto baixo. Quanto à questão dos "resíduos de construção", 35 dos inquiridos, representando 58,3%, classificaram-na como tendo um impacto reduzido, 20 dos inquiridos, representando 33,3%, classificaram-na como tendo um impacto médio e apenas alguns dos inquiridos, representando 8,3%, classificaram-na como tendo um impacto elevado. Além disso, no que se refere ao "consumo elevado de energia", 40 dos inquiridos, representando 66,7%, classificaram-no como tendo um impacto reduzido, 15 dos inquiridos, representando 25,0%, classificaram-no como tendo um impacto médio e 5 dos inquiridos, representando 8,35%, classificaram-no como tendo um impacto elevado. No que diz respeito à desflorestação, 39 dos inquiridos, representando 65,0%, classificaram-na como tendo um impacto elevado, 12, representando 20,0% dos inquiridos, classificaram-na como tendo um impacto médio, enquanto 9 dos inquiridos, representando 15,0%, classificaram-na como tendo um impacto baixo. Por último, outros impactos ambientais, 45 dos inquiridos, representando 75,0%, classificaram-no como de grande impacto, 10 deles, representando 16,7%, disseram que tem um impacto médio e apenas 5 dos inquiridos, representando 8,3%, classificaram-no como de baixo impacto. A degradação e a erosão dos solos foram enumeradas pelos inquiridos no âmbito de outros impactos ambientais das actividades de construção. As conclusões levam a crer que, embora os inquiridos estejam conscientes dos impactos que as actividades de aquisição de construção têm no ambiente, não lhes prestam atenção quando a aquisição está a ser feita. No que diz respeito aos projectos financiados por doadores, como os projectos do Banco Mundial, os funcionários ambientais são formados como funcionários de salvaguarda com a responsabilidade de monitorizar a implementação dos requisitos ambientais especificados no contrato. A rica experiência adquirida como oficiais de salvaguarda nos projectos financiados por doadores não é explorada quando se trata de projectos locais.

4.3.3 Partes dos Documentos do Concurso para Inserir Questões Ambientais

Foi pedido aos inquiridos que indicassem quais as partes dos documentos do concurso em que eram relevantes para inserir considerações ambientais e em que fases do processo de adjudicação são potenciais áreas para introduzir questões de sustentabilidade ambiental. O Quadro 4.4 apresenta o resumo das respostas dos inquiridos sobre a parte de um caderno de encargos em que podem ser incorporadas questões de sustentabilidade ambiental. Foi pedido aos inquiridos que classificassem o grau de concordância com as partes do documento do concurso em que as questões ambientais podem ser incorporadas numa escala de Likert de 5 pontos (em que 1 - Discordo totalmente, 2 - Discordo, 3 - Incerto, 4 - Concordo e 5 - Concordo totalmente). Os resultados foram classificados com base nas suas pontuações médias e são apresentados na tabela 4.4 abaixo e discutidos (*c.f.* Ayarkwa et al., 2010).

Tabela 4. 4 Parte de um documento de concurso em que são incorporadas questões de sustentabilidade ambiental

Partes do documento de concurso	**Média**	**Std. Desvio**	**Classificação**
O objeto do contrato	4.27	1.023	2.o
Especificações técnicas do produto/trabalho/serviço	4.15	.899	4.o
Critérios de seleção dos candidatos	3.98	1.000	5ª
Os critérios de adjudicação do contrato	4.27	1.103	3ª
As cláusulas de execução do contrato	**4.43**	**.789**	**1º**

A utilização do teste t indica que a pontuação é significativamente superior a 3,0 ao nível de 5% Os inquiridos classificaram a "cláusula de execução do contrato" (média 4,43, desvio-padrão 0,789) em primeiro lugar, o que indica um forte consenso de que é a melhor parte do documento contratual para inserir um requisito ambiental. No entanto, é de notar que quase todas as partes registaram médias elevadas, indicando que todas as partes do caderno de encargos são áreas susceptíveis de incluir uma questão de sustentabilidade ambiental. No entanto, três das variáveis apresentaram desvios-padrão elevados, nomeadamente "o objeto do contrato" (1,023), "os critérios de seleção" (1,0) e "os critérios de adjudicação do contrato" (1,103). Isto indica variabilidade nos dados recolhidos e inconsistência na concordância entre os inquiridos. A literatura revelou estatutos ambientais que abrangem questões ambientais fundamentais, como a proteção da vida selvagem e dos habitats florestais, os recursos florestais e as zonas protegidas, a conservação do património cultural, a proteção e a conservação do ambiente costeiro, etc. Para além dos estatutos, o Comité Nacional de Planeamento do Desenvolvimento (NDPC) do Ministério das Finanças e do Planeamento Económico tornou obrigatório que todos os Planos de Desenvolvimento a Médio Prazo apresentados por todas as assembleias distritais do Gana incluam uma componente ambiental. Os Planos de Desenvolvimento a Médio Prazo que não incluam as necessidades da Avaliação Ambiental Estratégica (AAE) nos seus Planos de Desenvolvimento a Médio Prazo não são financiados pelo NDPC. Isto faz parte dos esforços para controlar a degradação ambiental, assegurando que as assembleias distritais adoptem estratégias de desenvolvimento que sejam amigas do ambiente. Outros regulamentos incluem o Plano Nacional de Gestão Ambiental, a Avaliação de Impacto Ambiental (AIA) e o Plano de Ação Distrital de Saneamento Ambiental (DESAP). Os resultados sublinharam que, em todas as partes de um documento de concurso, as questões de sustentabilidade ambiental podem ser incorporadas e, com o envolvimento dos Funcionários do Ambiente, isto seria realizado mais facilmente, uma vez que eles têm o conhecimento especializado sobre o ambiente a nível distrital. A questão fundamental é não violar a ética básica da contratação (Comissão Europeia, 2011; British Standards Institution, 2010, Public Procurement Act, Act 663, 2003). Este é um bom sinal que retrata a oportunidade de considerações ambientais, mesmo com o atual sistema de contratos públicos no Gana.

4.3.3 Fases da integração das questões ambientais no processo de adjudicação

O Quadro 4.5 apresenta o resumo das respostas sobre as fases do processo de adjudicação em que as questões de sustentabilidade ambiental podem ser incorporadas. Foi pedido aos inquiridos que indicassem o grau de concordância com as fases do processo de aquisição em que as questões ambientais podem ser incorporadas, numa escala de Likert de 5 pontos (em que 1 - Discordo totalmente, 2 - Discordo, 3 - Incerto, 4 - Concordo e 5 - Concordo totalmente). Os resultados foram classificados com base nas suas pontuações médias e são apresentados na Tabela 4.5 abaixo e discutidos (*c.f.* Ayarkwa et al., 2010).

Tabela 4. 5 Fase da contratação em que as questões de sustentabilidade ambiental são incorporadas

Fases do aprovisionamento	**Média**	**Std. Desvio**	**Classificação**
Determinação do que deve ser adquirido	*3.98	1.242	3ª
Decisão sobre as estratégias de aquisição em termos de contrato, estratégia de fixação de preços e de objectivos e procedimento de aquisição	*3.87	1.142	5ª
Solicitação de ofertas públicas de aquisição	*3.90	1.175	4.o
Avaliação das ofertas públicas de aquisição	***4.20**	**1.132**	**1º**
Adjudicação do contrato	**2.12**	**1.195**	**6ª**
Gestão dos contratos e confirmação do cumprimento do requisito	*4.10	1.160	2.o

Utilizando o teste t, * indica que a pontuação é significativamente superior a 3,0 ao nível de 5%

A quarta fase do concurso, Avaliação das propostas, registou o valor médio mais elevado, 4,20. Isto sugere que os inquiridos concordam fortemente que esta é a melhor fase do processo de aquisição para introduzir uma questão de sustentabilidade ambiental. É surpreendente notar que todas as variáveis tinham desvios-padrão elevados, indicando variabilidade nos dados recolhidos e inconsistência no acordo entre os inquiridos. A administração dos contratos e a confirmação da conformidade com os requisitos registaram o segundo valor médio mais elevado, 4,10. Isto também sugere que os inquiridos concordaram fortemente que era crucial confirmar a conformidade com os requisitos ambientais durante o período de execução do contrato. No entanto, a teoria sugere que todas as fases são áreas relevantes para incluir uma questão ambiental (Comissão Europeia 2011). Pode concluir-se que, na totalidade, quase todos os inquiridos concordaram que, em cada fase do processo de concurso, as questões de sustentabilidade ambiental poderiam ser incorporadas, embora tenha havido inconsistência no acordo entre os inquiridos. As fases são as seguintes: estabelecimento do que deve ser adquirido, estratégias de aquisição em termos de contrato, estratégia de fixação de preços e de objectivos e procedimento de aquisição, solicitação de propostas, avaliação das propostas e administração dos contratos e confirmação do cumprimento dos requisitos, exceto a adjudicação do contrato, que registou o valor médio mais baixo de 2,12. Uma vez que este valor se situa abaixo da pontuação neutra de 3,0, é considerado menos significativo no que respeita às fases do processo de adjudicação de contratos. processo de adjudicação de contratos em que podem ser incorporadas questões ambientais. Mais uma vez, a questão fundamental aqui é que a ética básica da contratação não deve ser violada (Comissão Europeia, 2011; British Standards Institution, 2010, Public Procurement Act, Act 663, 2003)

4.4 Factores que determinam a incorporação de questões de sustentabilidade ambiental nos contratos públicos de construção a nível distrital

Foi pedido aos inquiridos que classificassem, numa escala de 1 (Mínimo) a 5 (Máximo), a importância dos vários factores que determinam a incorporação de questões de sustentabilidade ambiental nos contratos públicos de construção a nível distrital. Os factores que determinam a incorporação de questões de sustentabilidade ambiental no sistema de contratação pública a nível distrital são analisados e apresentados a seguir. As variáveis estão codificadas para facilitar a interpretação.

CÓDIGO	VARIÁVEL
V1	Ganhar vantagem competitiva
V2	Pressão governamental
V3	Pressão dos investidores
V4	Sensibilização para os impactos ambientais
V5	Necessidade de consenso no sector sobre o SGA normalizado
V6	Cultura ambiental entre concorrentes
V7	Pressão da sociedade
V8	Legislatura e conformidade legal
V9	Desenvolver uma boa imagem
V10	Desejo de melhorar a qualidade do desempenho
V11	Funcionários competentes em matéria de política de aprovisionamento/ambiente
V12	Certificação ISO 14001
V13	Desejo de gerir o risco económico
V14	Potencial para receber publicidade
V15	Reduzir o risco de críticas dos consumidores

Tabela 4. 6 Análises descritivas dos factores que determinam a incorporação de questões de sustentabilidade ambiental nas aquisições de construção a nível distrital

Código	Factores	Média	Std. Desvio	Classificação
V1	Ganhar vantagem competitiva	*4.09	1.11	5ª

V2	Pressão governamental	***3.91**	1.18	6ª
V3	Pressão dos investidores	**1.49**	**0.61**	**15º aniversário**
V4	Sensibilização para os impactos ambientais	***3.65**	1.27	9º.
V5	É necessário um consenso no sector sobre o SGA normalizado	***3.73**	1.34	8ª
V6	Cultura ambiental entre concorrentes	***3.**56	1.39	10ª
V7	Pressão da sociedade	2.35	0.93	14ª
V8	Legislatura e conformidade legal	***4.60**	0.66	2.o
V9	Desenvolver uma boa imagem	***4.24**	0.98	4.o
V10	Desejo de melhorar a qualidade do desempenho	1.91	0.89	13º.
V11	Uma política hábil responsáveis pelas aquisições/ambiente	*3.22	1.34	12ª
V12	Certificação ISO 14001	**3.87**	1.09	7ª
V13	Desejo de gerir o risco económico	***4.45**	0.74	3ª
V14	Potencial para receber publicidade	*3.31	1.41	11ª
V15	Reduzir o risco de críticas dos consumidores	***4.85**	**0.36**	**1º**

A utilização do teste t * indica que a pontuação é significativamente superior a 3,0 a um nível de 5%

Fonte: Inquérito de campo 2014

A partir da tabela acima, verifica-se que o fator V_{15} ("reduzir o risco de críticas dos consumidores") registou o valor médio mais elevado de 4,85, com um desvio-padrão correspondente de 0,36, sendo o menor número de desvio-padrão. V3 (pressão dos investidores) registou o valor médio mais baixo de 1,49 e um desvio-padrão correspondente de 0,61.

Isto significa que os inquiridos classificaram-na principalmente em 1 e 2, o que implica que é a menos importante quando se trata de

para os factores que impulsionam a incorporação de questões de sustentabilidade ambiental no sistema de aquisições. Também se pode ver que factores como a legislatura e a conformidade legal, o desejo de gerir o risco económico, o desenvolvimento de uma boa imagem, a obtenção de vantagens competitivas, a pressão governamental, a certificação ISO 14001, o consenso sobre a norma SGA necessária no sector, o potencial para receber publicidade, a política de aquisições hábil/responsáveis ambientais registaram todos valores médios elevados. Isto sugere que a maioria dos inquiridos atribuiu-lhes uma classificação elevada.

	V1	*V2*	*V3*	*V4*	*V5*	*V6*	*V7*	*V8*	*V9*	*V10*	*V11*	*V12*	*V13*	*V14*	*V15*
V1	1.00														
V *2*	0.09	1.00													

V 3	-0.23	0.09	1.00												
V 4	**0.22**	0.13	0.13	1.00											
V 5	0.15	0.28	0.03	0.27	1.00										
V 6	0.42	0.17	-0.03	0.32	**0.60**	1.00									
V 7	0.27	0.00	-0.01	0.28	0.38	**0.44**	1.00								
V 8	**0.33**	-0.10	**-0.29**	**0.39**	0.15	**0.33**	0.23	1.00							
V 9	0.29	0.02	-0.26	0.10	0.23	0.27	0.19	0.41	1.00						
V10	-0.07	-0.06	0.19	0.09	0.07	-0.08	-0.01	**-0.10**	-0.08	1.00					
V11	-0.29	0.27	0.14	0.15	**0.33**	0.25	0.18	0.04	0.21	-0.05	1.00				
V12	0.07	**0.44**	0.04	0.17	0.23	0.04	-0.07	-0.07	-0.25	0.12	0.10	1.00			
V13	0.17	0.20	**-0.09**	0.07	0.22	0.22	-0.07	0.38	0.31	-0.22	0.25	0.05	1.00		
V14	-0.17	**0.33**	0.12	0.23	**0.38**	0.28	-0.08	-0.06	-0.31	0.21	0.21	**0.63**	0.09	1.00	
V15	-0.20	-0.08	-0.09	-0.03	0.19	-0.06	0.04	0.14	0.05	**0.02**	0.15	-0.05	0.11	-0.02	1.00

Tabela 4. 7 Matriz de correlação

Fonte: Inquérito de campo 2014

A tabela 4.7 representa a matriz de correlação dos dados. A matriz de correlação ajuda a determinar a relação entre os vários factores. A correlação mais elevada é entre V14 (potencial para receber publicidade) e V12 (certificação ISO 14001), com o valor de 0,63. A segunda correlação mais elevada é entre V6 (cultura ambiental entre os concorrentes) e V5 (consenso sobre a norma SGA necessária no sector) com o valor de 0,60. Outras correlações como V7 (pressão da sociedade) e V6 (cultura ambiental entre concorrentes), V12 (certificação ISO 14001) e V2 (pressão governamental) têm uma correlação moderadamente elevada, 0,44. Mais uma vez, foi observada outra correlação de 0,33 entre V8 (legislatura e conformidade legal) e V6 (cultura ambiental entre os concorrentes), V8 (legislatura e conformidade legal) e V1 (obtenção de vantagens competitivas), e V11 (responsáveis competentes pela política de aquisições/ambiente) e V5 (consenso sobre o SGA normalizado necessário no sector). Entre V8 (legislatura e conformidade legal) e V4 (consciencialização dos impactes ambientais), existe uma correlação de 0,39. Outro valor de correlação de 0,22 foi observado entre V_4 (Sensibilização para os impactes ambientais) e V1 (obtenção de vantagens competitivas). A correlação entre V15 (reduzir o risco de críticas dos consumidores) e V_{10} (desejo de melhorar a qualidade do desempenho) registou o menor valor de correlação, com um valor de 0,02. Também existe uma correlação negativa entre V8 (legislatura e conformidade legal) e V3 (pressão dos investidores) com um valor de -0,29. Existe também uma correlação negativa de -0,10 entre V10 (modo de vestir) e V8 (legislatura e conformidade legal). Entre V13 (desejo de gerir o risco económico) e V3 (pressão dos investidores), existe uma correlação negativa de -0,09.

Tabela 4. 8 KMO e teste de Bartlett

Medida	**valor**
Medida Kaiser-Meyer-Olkin de adequação da amostragem.	0.77
Teste de Bartlett Valor crítico	234.44
Teste de Bartlett grau de liberdade	105
O valor significativo de Bartlett	0.00

Fonte: Inquérito de campo 2014

A estatística KMO varia entre 0 e 1, sendo que um valor de zero indica que a soma das correlações parciais é grande em relação à soma das correlações, o que indica uma difusão do padrão das correlações e, por conseguinte, a análise fatorial é provavelmente inadequada (Gorsuch, 1983 e Field, 2005). Um valor próximo de 1,00 indica que os padrões de correlação são relativamente compactos e, por conseguinte, a análise fatorial deve produzir factores distintos e fiáveis (Field, 2005). No entanto, a literatura recomenda que o valor de KMO seja superior a 0,50 se a dimensão da amostra for adequada (Child, 1990 e Field, 2005). Com o valor KMO de 0,8, como indicado na tabela 4.20, significa que os factores são meritoriamente adequados para a factorização. Isto sugere que a análise fatorial é adequada e que a matriz de correlação é adequada para a factorização. O teste de esfericidade de Bartlett também é significativo (um valor p de 0,00 com um grande valor de qui-quadrado de 234,44, o que, embora relativo, é suficientemente grande para justificar a análise fatorial. A análise de correlação, o KMO e os testes de Bartlett acima referidos sugerem que existem correlações entre as variáveis indicadoras e, por conseguinte, podemos submeter os 15 indicadores originais a um procedimento de análise fatorial.

Tabela 4. 9 Variância Total Explicada

Componente	Total	% de variação	% acumulada
1	4.85	28.56	28.56
2	2.98	17.55	46.11
3	1.98	11.62	57.73
4	1.39	8.20	65.93
5	1.29	7.57	73.50

Fonte: Inquérito de campo 2014

Utilizando a regra do valor próprio superior a um, o primeiro fator explica cerca de 28,56% dos dados. O segundo fator também explica cerca de 17,55% dos dados que não foram explicados pelo primeiro fator. O terceiro fator explica cerca de 11,62% dos dados que não foram indicados pelo primeiro e segundo factores. O quarto fator explica cerca de 8,20% dos dados que não foram explicados pelos três primeiros factores, com cerca de 65,93 percentagens cumulativas, o que é altamente significativo para explicar as variações totais dos dados.

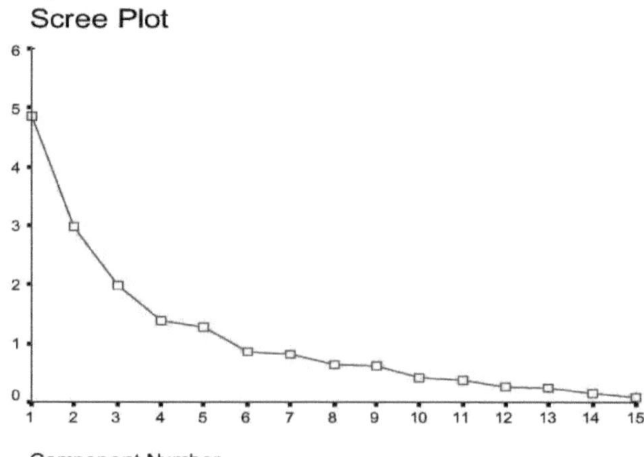

Figura 4. 1 Scree Plot

Fonte: Levantamento de campo 2014

A partir da figura 4.3, pode ver-se que o "cotovelo" do diagrama ocorre na quarta componente. Isto significa que o número de factores que devem ser considerados para a extração é quatro (4), mas não deve exceder cinco.

Tabela 4. 10 Matriz de Factores Rotacionados

	Componente				
Código	**Variável**	**1**	**2**	**3**	**4**
V1	Ganhar vantagem competitiva	0.02	0.39	0.37	**-0.80**
V2	Pressão governamental	**0.92**	0.02	**0.52**	0.03
V3	Pressão dos investidores	0.06	-0.04	-0.14	0.16
V4	Sensibilização para os impactos ambientais	0.24	0.21	-0.20	0.03
V5	É necessário um consenso no sector sobre o SGA normalizado	0.36	**1.09**	0.07	0.24
V6	Cultura ambiental entre concorrentes	0.13	**1.22**	0.18	-0.07
V7	Pressão da sociedade	-0.18	0.48	0.08	0.03
V8	Legislatura e conformidade legal	-0.09	0.17	0.13	-0.09
V9	Desenvolver uma boa imagem	-0.25	0.28	**0.60**	0.04
V10	Desejo de melhorar a qualidade do desempenho	0.04	0.04	-0.42	0.05
V11	Funcionários competentes em matéria de política de aprovisionamento/ambiente	0.27	0.27	0.42	**1.13**
V12	Certificação ISO 14001	**0.91**	0.02	-0.18	-0.10
V13	Desejo de gerir o risco económico	0.14	0.13	0.33	0.05
V14	Potencial para receber publicidade	**1.04**	0.43	**-0.67**	0.25
V15	Reduzir o risco de críticas dos consumidores	-0.03	0.03	0.00	0.09

Fonte: Inquérito de campo 2014

Estabelecendo um ponto de corte de 0,5, foram obtidos os seguintes agrupamentos de factores. A Tabela 4.10 apresenta os resultados da matriz de componentes rodados. A interpretabilidade dos resultados pode ser melhorada através da rotação (Norusis, 2000). A solução do fator rodado é apresentada por defeito e é essencial para interpretar a análise final rodada. A rotação sugere o comportamento das variáveis em condições extremas e maximiza a carga de cada variável num dos factores extraídos, minimizando a carga em todos os outros factores e é a melhor solução de saída de factores para interpretar a análise fatorial (Child, 1990). Após um exame crítico das relações inerentes entre os vários factores identificados, foram nomeados os vários componentes principais. Os nomes dos vários componentes principais foram formados com base nos factores com as cargas mais elevadas e na compreensão da relevância desses factores no contexto do estudo. Os vários componentes principais, com as respectivas cargas factoriais, são apresentados e discutidos a seguir:

4.5 Discussão dos componentes

4.5.1 Componente 1: Influência da liderança

Observou-se que o componente um tem uma carga elevada em V2 (pressão governamental - 0,92), V12 (certificação ISO 14001 - 0,91) e V14 (potencial para receber publicidade - 1,04). Assim, o fator aqui é designado por influência da liderança. A partir da Tabela 4.10, este agrupamento representou 28,56% da variância. Um conjunto significativo de investigação indica que a pressão do governo é um fator importante para os esforços ambientais das empresas (Walker et al. 2008, Adetunji et al., 2008, Varnas et al., 2008). De acordo com Walker et al. (2008), o governo pode desempenhar um papel de liderança na introdução de questões de sustentabilidade ambiental no processo de aquisição. Isto pode ser feito através da criação de uma oportunidade sob a forma de legislação e leis de contratação que permitam a incorporação de questões de sustentabilidade ambiental no processo de contratação de construção para implementação a nível distrital. De acordo com Walker (2008), a certificação ISO impulsiona a incorporação de questões ambientais no processo de aquisição. A literatura concorda com as conclusões de que a atual legislação sobre contratos públicos no Gana aborda poucas questões de sustentabilidade (Boyefio, 2008) e que o governo deve assumir a liderança na promoção de práticas amigas do ambiente.

4.5.2 Componente 2: Cultura ambiental

A componente dois tem uma carga elevada em V5 (consenso sobre o SGA normalizado necessário no sector - 1,09) e V6 (cultura ambiental entre os concorrentes - 1,22). Assim, o fator é designado por cultura ambiental. De acordo com o Quadro 4.10, este grupo representou 17,55% da variância. Estes dois factores indicam que, para ser capaz de incorporar questões ambientais na aquisição de construção, existe a necessidade de os Oficiais de Aquisição e Engenheiros Distritais desenvolverem uma cultura ambiental e permitida por uma Norma de Gestão Ambiental comum disponível para implementação nos vários distritos. Isto permitiria o estabelecimento de um Sistema de Gestão Ambiental eficaz em todos os distritos (Gonzalez-Benito e Gonzalez-Benito, 2005).

4.5.3 Componente 3: Influência pública

O terceiro componente teve uma carga elevada em V14 (potencial para receber publicidade - 0,67), V9 (desenvolver uma boa imagem - 0,6) e V2 (pressão governamental - 0,52), pelo que o fator é designado por influência pública. A partir da Tabela 4.10, este cluster foi responsável por 11,62% da variância. Este resultado está de acordo com a literatura. Walker (2008) observou que a sensibilização do público para o impacto ambiental das actividades de construção está a aumentar drasticamente, o que gera pressão para melhorar o desempenho ambiental na indústria da construção. A pressão pública e as partes interessadas estão a levar as empresas a rever as suas práticas de fornecimento ambiental (Delmas, 2001). Algumas organizações não governamentais (ONG) estão a pressionar as organizações para melhorarem o seu desempenho ambiental (Gabriel et al., 2000).

4.5.4 Componente 4: Competências pessoais

A componente quatro tem uma carga elevada em V_{11} (responsáveis hábeis pela política de aquisições/ambiente-1,13) e V1 (obtenção de vantagens competitivas-0,80), pelo que o fator é designado por competências pessoais. De acordo com a Tabela 4.10, este agrupamento representou 8,2% da variância. Isto está de acordo com a observação de Drumwright (1994) de que, para incorporar questões de sustentabilidade ambiental na aquisição de construção, as competências pessoais dos funcionários responsáveis são fundamentais. A melhoria do desempenho financeiro do distrito e a redução do custo dos impactos ambientais das actividades de aquisição de construção permitiriam ao distrito ganhar uma vantagem competitiva sobre outros distritos, especialmente na competição pelo dinheiro nacional, mas isto só pode ser alcançado através das competências pessoais dos oficiais responsáveis pela aquisição de construção nos vários distritos (Gonzalez-Benito e Gonzalez-Benito, 2005). Isto exige a necessidade de melhorar as competências dos Engenheiros Distritais e dos Oficiais de Aprovisionamento sobre as formas como as questões de sustentabilidade ambiental podem ser incorporadas num contrato e tornadas contratualmente obrigatórias.

Tabela 4. 11 Matriz de transformação Varimax.

Componente	1	2	3	4

1	0.55	**0.74**	0.07	0.20
2	**-0.67**	0.40	0.47	-0.29
3	-0.21	-0.05	0.39	**0.88**
4	-0.38	0.04	**-0.70**	0.32

Fonte: Inquérito de campo 2014

A partir da tabela 4.11, pode deduzir-se que a segunda componente, "Cultura ambiental", é a primeira componente mais importante, uma vez que a segunda componente não rodada coincide com a primeira componente rodada. A primeira componente, "Influência da liderança", é a segunda mais , seguida da quarta componente, "Competências pessoais". Finalmente, o terceiro fator, "Influência do público", é o quarto mais importante.

4.6 Desafios à incorporação de questões de sustentabilidade ambiental nos contratos públicos de construção

De seguida, apresenta-se a análise descritiva dos desafios que se colocam à incorporação de questões de sustentabilidade ambiental na contratação pública de construção a nível distrital. Foi pedido aos inquiridos que classificassem, numa escala de 1 (Mínimo) a 5 (Máximo), a importância dos vários desafios à incorporação de questões de sustentabilidade ambiental na contratação pública de construção a nível distrital. Isto foi capturado na Secção 4.0 do questionário do inquérito.

Tabela 4. 13 Análise descritiva dos desafios à incorporação de questões de sustentabilidade ambiental nas aquisições de construção a nível distrital

CÓDIGO	VARIÁVEL
X1	Dificuldades em inserir questões ambientais numa proposta
X2	Falta de consenso sobre as normas electrónicas no sector
X3	Falta de apoio da equipa de gestão sénior
X4	Falta de apoio de outros funcionários e trabalhadores
X5	Falta de roteiro ou estratégia
X6	Falta de empenhamento da direção
X7	Outros objectivos de aquisição
X8	Capacidades dos contratantes
X9	Falta de conhecimentos/competências
X10	Limitações de recursos
X11	Comunicação deficiente
X12	Processos fracos
X13	Foco na redução de custos
X14	Os custos de implementação são demasiado elevados
X15	Falta de formação
X16	Processos/procedimentos de documentação complexos
X17	Perda de vantagem competitiva
X18	Concentração na redução dos custos em detrimento do ambiente
X19	Resistência às práticas amigáveis dos trabalhadores
X20	Falta de sensibilização dos contratantes
X21	Os custos de melhoria são demasiado elevados
X22	Os métodos contabilísticos limitam a informação ecológica
X23	Pressão para baixar os preços ambiente
X24	Conflito com o objetivo da assembleia
X25	Falta de conhecimento sobre a forma de inserir questões nos contratos

X26	Relutância em mudar as práticas tradicionais
X27	Escassez de pessoal
X28	Falta de formação à medida
X29	Falta de apoio dos fornecedores/contratantes
X30	Falta de orientação/apoio governamental
X31	Volume de informação sobre sustentabilidade
X32	Falta de empenhamento dos fornecedores
X33	Diferenças linguísticas e culturais
X34	Normas de limitação
X35	Pressões da concorrência
X36	Falta de conhecimentos no sector
X37	Inibe a inovação
X38	Não querer trocar informações
X39	O desejo dos contratantes de obter preços mais baixos
X40	Compromissos deficientes dos contratantes/fornecedores

Tabela 4. 12 desafios à incorporação de questões de sustentabilidade ambiental nos contratos de construção a nível distrital

Variáveis	Média	Desvio Std. Desvio	Classificação
X1	**4.48**	.651	4.o
X2	3.12	1.195	30º aniversário
X3	**4.18**	1.255	9º.
X4	**4.07**	.972	13º.
X5	**4.42**	1.279	5ª
X6	**4.22**	1.195	8ª
X7	3.13	1.512	29º aniversário
X8	3.95	.872	17ª
X9	**4.37**	1.025	7ª
X10	3.37	1.262	25º aniversário
X11	2.75	.628	34ª
X12	3.83	.867	20º aniversário
X13	**4.60**	**.942**	**1º**
X14	3.87	.873	XIX
X15	**4.38**	.585	6ª
X16	3.27	.446	27º aniversário
X17	2.73	1.247	35ª
X18	**4.58**	**.671**	**3ª**
X19	**2.08**	**1.078**	**40ª**
X20	**4.02**	.701	16ª
X21	**4.03**	1.041	15º aniversário
X22	3.22	.825	28º aniversário
X23	**4.05**	.811	14ª
X24	**2.23**	**.831**	**39ª**
X25	**4.15**	1.132	10ª
X26	**4.10**	1.145	11ª
X27	3.05	1.358	32ª

X28	**4.08**	1.124	12ª
X29	3.58	.869	22ª
X30	**4.60**	**.494**	**2.o**
X31	3.75	.474	23ª
X32	2.87	1.049	33ª
X33	**2.43**	**1.079**	**38ª**
X34	2.55	.891	36ª
X35	3.77	1.198	21ª
X36	3.07	1.388	31º aniversário
X37	3.65	.547	24º aniversário
X38	2.47	1.127	37ª
X39	3.37	1.314	26º aniversário
X40	3.88	1.180	18ª

Fonte: Inquérito de campo 2014

A tabela acima mostra a média e o desvio padrão dos desafios à incorporação de questões de sustentabilidade ambiental a nível distrital. Verifica-se que o fator X14 ("foco na redução de custos") registou o valor médio mais elevado de 4,60 com um desvio padrão correspondente de 0,492. X19 ("resistência dos funcionários") registou o valor médio mais baixo de 2,08 e um desvio padrão correspondente de 1,078. Isto explica que os inquiridos classificaram-no principalmente em 1 e 2, o que implica que é o menos importante quando se trata dos desafios à incorporação de questões de sustentabilidade ambiental na aquisição de construção a nível distrital.

Também se pode constatar que factores como X1 (dificuldades em inserir questões ambientais numa proposta), X3 (falta de apoio da equipa de gestão sénior), X4 (falta de apoio de outro pessoal e trabalhadores), X5 (falta de roteiro ou estratégia), X6 (falta de empenho da gestão), X7 (outros objectivos de aquisição), X9 (falta de conhecimentos ou competências), X15 (falta de formação), X18 (ênfase na redução dos custos em detrimento de práticas respeitadoras do ambiente), X20 (falta de sensibilização dos contratantes, X21 (custos de melhoramento demasiado elevados), X23 (pressão para preços mais baixos, X25 (falta de compreensão da forma de inserir as questões ambientais num documento de concurso, X26 (relutância em mudar de práticas tradicionais, X28 (falta de formação específica) e X30 (falta de orientação governamental) registaram valores médios elevados. Isto sugere que a maioria dos inquiridos lhes atribuiu uma classificação elevada. Ao introduzir questões ambientais na aquisição de construção, as organizações do sector público, tais como as assembleias distritais, são frequentemente limitadas pelas leis de aquisição internacionais e nacionais. A lei de aquisições exige que as entidades tenham um processo de aquisição transparente e não discriminatório (Williams et al., 2007). Estes regulamentos não permitem que as entidades de aquisição introduzam cláusulas de pré-qualificação irrelevantes nos contratos (Williams et al., 2007). Muitas vezes, as entidades adjudicantes receiam que a sustentabilidade ambiental seja considerada uma pré-qualificação irrelevante. No entanto, com uma redação e interpretação cuidadosas da lei, as entidades adjudicantes podem demonstrar que a sustentabilidade ambiental é relevante para o contrato (Williams et al., 2007).

Tabela 4. 13 KMO e teste de Bartlett

Medida	**valor**
Medida de adequação da amostragem de Kaiser-Meyer-Olkin.	0.78
Teste de Bartlett Valor crítico	670.72
Teste de Bartlett grau de liberdade	276
O valor significativo de Bartlett	0.00

Fonte: Inquérito de campo 2014

A estatística KMO varia entre 0 e 1, sendo que um valor de zero indica que a soma das correlações parciais é grande em relação à soma das correlações, o que indica uma difusão do padrão das correlações e, por conseguinte, a análise fatorial é provavelmente inadequada (Gorsuch, 1983 e Field, 2005). Um valor próximo de 1,00 indica que os padrões de correlação são relativamente compactos e, por conseguinte, a análise fatorial deve produzir factores distintos e fiáveis (Field, 2005). No entanto, a literatura recomenda que o valor de KMO seja superior a 0,50 se a dimensão da amostra for adequada (Field, 2005 e Child, 1990). Com o valor KMO de 0,8, como indicado na tabela 4.15, significa que os factores são meritoriamente adequados para a factorização. Isto sugere que a análise fatorial é adequada e que a matriz de correlação é adequada para a factorização. O teste de esfericidade de Bartlett também é significativo (um valor p de 0,00 com um grande valor de qui-quadrado de 670,72, é suficientemente grande para justificar a análise fatorial. A análise de correlação, o KMO e os testes de Bartlett acima referidos sugerem que existem correlações entre as variáveis indicadoras e, por conseguinte, podemos submeter os 40 indicadores originais a um procedimento de análise fatorial.

Tabela 4. 14 Variância Total Explicada

Componente	Total	% de variação	Acumulado %
1	9.90	24.76	24.76
2	8.06	20.14	44.91
3	7.71	19.28	64.18
4	5.59	13.98	78.16
5	4.84	12.09	90.25

Fonte: Inquérito de campo 2014

Utilizando a regra do valor próprio superior a um, o primeiro fator explica cerca de 24,76% dos dados. O segundo fator também explica cerca de 20,14% dos dados que não foram explicados pelo primeiro fator. O terceiro fator explica cerca de 19,28% dos dados que não foram indicados pelo primeiro e segundo factores. O quarto fator explica cerca de 13,98% dos dados que não foram indicados pelo primeiro, segundo e terceiro factores. O quinto fator explica cerca de 12,09% dos dados que não foram explicados pelos primeiros quatro factores, com cerca de 90,25 percentagens cumulativas, o que é altamente significativo para explicar as variações totais dos dados.

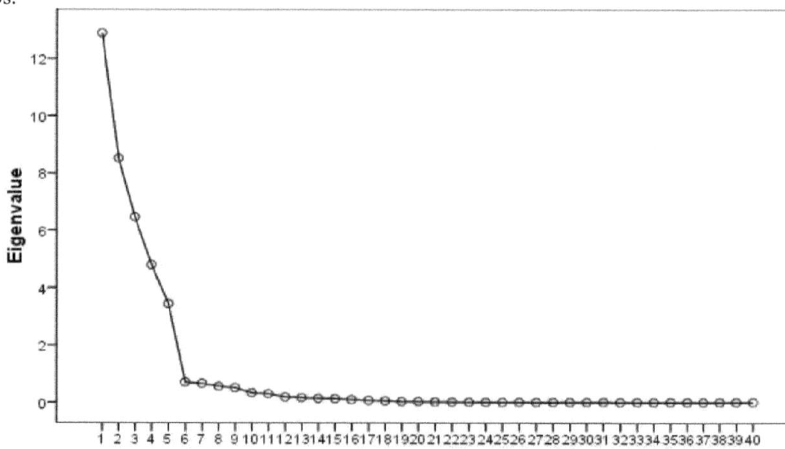

Figura 4. 2 Scree Plot

Fonte: Inquérito de campo 2014

A partir da figura 4.5, verifica-se que o "cotovelo" do diagrama ocorre na quinta componente. Isto mostra que o número de factores a considerar para a extração é cinco (5), mas não deve exceder seis.

Tabela 4. 17 Matriz de Componentes Rotacionados

Variáveis	**Componente**				
	1	2	3	4	5
Dificuldades na definição de questões ambientais num documento de concurso			.591		.713
Falta de consenso sobre as normas electrónicas no sector			.661		
Falta de apoio da equipa de gestão de topo			.925		
Falta de apoio de outros funcionários e trabalhadores		.519			
Falta de roteiro ou estratégia		.870			
Falta de empenhamento da gestão		.630	.660		
Outros objectivos de aquisição	-.906				
Incapacidades dos contratantes				.830	
Falta de conhecimentos ou competências		.714		.575	
Limitações de recursos				.870	
Comunicação deficiente				.890	
Processos fracos	.673				
Foco na redução de custos			.630		
Os custos de implementação são demasiado elevados			.693		
Falta de formação	.681		.596		
Processos/Procedimentos de documentação complexos					-.967
Perda de vantagem competitiva					-.785
Concentração na redução de custos em detrimento de práticas respeitadoras do ambiente				.756	
Resistência dos trabalhadores			-.782		
Falta de sensibilização dos contratantes	.971				
O custo dos melhoramentos é demasiado elevado		.553	.549	.566	
Métodos contabilísticos limitam a informação ecológica		.830			
Pressão para baixar os preços			.626		.618

Conflito com os objectivos das assembleias	-.840				

Fonte: Inquérito de campo 2014

Tabela 4. 17 Matriz de Componentes Rotacionados (continuação)

Variáveis	Componente				
	1	2	3	4	5
Falta de compreensão sobre como inserir questões ambientais nos contratos	.719	.539			
Relutância em mudar as práticas tradicionais		.862			
Escassez de pessoal		-.544	-.596		
Falta de formação à medida		.806			
Falta de apoio dos fornecedores/contratantes			.779		
Falta de orientação/apoio governamental	.779				
Volume de informação sustentável			.856		
Falta de compromisso do fornecedor		-.542	-.657		
Diferenças linguísticas e culturais		-.857			
Normas de limitação		-.855			
Pressões da concorrência	.853				
Falta de conhecimento do sector	-.772				
Inibe a inovação					.698
Não querer trocar informações	-.631				
O desejo dos empreiteiros de obter preços mais baixos	.723			.562	
Compromisso deficiente do contratante/fornecedor	.939				

Fonte: Inquérito de campo 2014

Estabelecendo um ponto de corte de 0,5, foram obtidos os seguintes agrupamentos de factores. A Tabela 4.17 apresenta os resultados da matriz de componentes rodados. A interpretabilidade dos resultados pode ser melhorada através da rotação (Norusis, 2000). A solução do fator rodado é apresentada por defeito e é essencial para interpretar a análise final rodada. A rotação sugere o comportamento das variáveis em condições extremas e maximiza a carga de cada variável num dos factores extraídos, minimizando a carga em todos os outros factores e é a melhor solução de saída de factores para interpretar a análise fatorial (Child, 1990). Após um exame crítico das relações inerentes entre os vários factores identificados, foram nomeados os vários componentes principais. Os nomes dos vários componentes principais foram formados com base nos factores com as cargas mais elevadas e na compreensão da relevância desses factores no contexto do estudo. Os vários componentes principais, com as respectivas cargas factoriais, são apresentados e discutidos a seguir:

4.7 Discussão dos componentes

4.7.1 Componente 1: Falta de sensibilização

Observou-se que a componente um tem um peso elevado em doze factores. São eles: outros objectivos de aquisição, processos fracos, falta de formação, falta de sensibilização dos empreiteiros, falta de compreensão sobre como inserir questões ambientais num documento de concurso, falta de orientação governamental, pressões competitivas, falta de conhecimentos na indústria e desejo dos empreiteiros de obter preços mais baixos, conflito com os objectivos das assembleias, falta de vontade de trocar informações e fraco empenho dos empreiteiros/fornecedores. Este facto corrobora a observação de Adentunji (2008), Varnas et al. (2009) e Jaillon et al. (2009) de que os objectivos das aquisições se têm centrado, em grande medida, no preço e não nas questões relativas ao ambiente. Ayarkwa et al. (2010) também identificaram que a falta de formação e de empenhamento por parte do governo dificulta a aplicação das normas ambientais. Estes estudos levam à conclusão de que existe uma grave falta de sensibilização sobre a forma como as questões ambientais podem ser incorporadas nos contratos de construção em geral no sector da construção. Por conseguinte, é necessário sensibilizar todos os intervenientes no sector da construção para a necessidade de incluir questões ambientais de sustentabilidade no processo de aquisição de construção a nível distrital.

4.7.2 Componente 2: falta de estratégia

As oito (8) variáveis seguintes foram carregadas nesta componente principal: Falta de roteiro ou estratégia, apoio de outros funcionários e trabalhadores, falta de conhecimentos ou competências, métodos contabilísticos que limitam os relatórios ecológicos, relutância em mudar as práticas tradicionais, falta de formação à medida, diferenças linguísticas e culturais e normas limitadoras. Estas conclusões estão de acordo com as conclusões de outros investigadores, segundo as quais o governo presta pouco apoio nos domínios das finanças e da estrutura jurídica para promover questões sustentáveis nos contratos públicos (Ayarkwa et al., 2010). De acordo com a Lei dos Contratos Públicos, Lei 663, (2003), é obrigatório que as assembleias distritais utilizem os Documentos de Concurso Normalizados emitidos pela Autoridade dos Contratos Públicos. Isto significa que se as questões sustentáveis forem incorporadas nestes documentos normalizados nas secções apropriadas pela Autoridade de Contratação Pública, isso ajudará a promover práticas amigas do ambiente. Alguns países têm uma estratégia de contratação pública que inclui a contratação sustentável. A estratégia inclui documentos de orientação e listas de controlo que os funcionários responsáveis pelas aquisições podem consultar em linha (Driscoll et al., 2010).

4.7.3 Componente 3: Apoio à má gestão

Observou-se que o componente três tem uma carga elevada em doze factores. São eles: Falta de apoio da equipa de gestão de topo, falta de empenho da gestão, falta de consenso sobre as normas de gestão ambiental no sector, enfoque na redução de custos, custos de implementação demasiado elevados, falta de formação, resistência dos trabalhadores, pressão para baixar os preços, falta de pessoal, falta de apoio dos fornecedores/contratantes, volume de informação sustentável e falta de empenho dos fornecedores. As conclusões de Carter et al. (1998) e Hanna et al. (2000) apoiam este resultado: o apoio da gestão está positivamente relacionado com as aquisições ambientais e a melhoria ambiental.

4.7.4 Componente 4: Comunicação deficiente

Observou-se que o componente quatro tem uma carga elevada em cinco factores. São eles: Comunicação deficiente, incapacidade dos contratantes, limitação de recursos, foco na redução de custos em detrimento de práticas ambientalmente amigáveis e alto custo de melhorias. De acordo com Vachon e Klassen (2006), as empresas não estão dispostas a trocar informações por receio de exporem falhas e de divulgarem informações às empresas para obterem vantagens competitivas. Esta situação foi confirmada por alguns engenheiros distritais que indicaram que os empreiteiros não partilham informações sobre estas questões. Existe também uma comunicação deficiente entre as partes interessadas, ou seja, os membros da comunidade e a assembleia distrital, uma vez que estes não são capazes de alavancar as questões de sustentabilidade ambiental, solicitando e pressionando as assembleias distritais a abordarem as preocupações ambientais nos vários distritos. Alguns países dispõem de uma estratégia de aquisição que inclui a aquisição sustentável. A estratégia inclui documentos de orientação e listas de verificação que os funcionários responsáveis pelas aquisições podem consultar em linha. Por exemplo, Driscoll et al. (2010) descobriram que, no âmbito da estratégia sustentável de Londres, existem os documentos "Energy & Sustainability Housing Checklist", "Buying Green Does Not Cost the Earth, Supplementary Guidance I" e "Supplementary Guidance II". A política e a estratégia estão ambas disponíveis ao público em linha. Isto pode ser reproduzido no Gana, tornando a informação sustentável facilmente disponível em linha.

4.7.5 Componente 5: Documentação e processos complexos

Observou-se que a componente cinco tem uma carga elevada em quatro factores. São eles: processos/procedimentos de documentação complexos, dificuldades em inserir questões ambientais num documento de concurso, perda de vantagem competitiva e tendência para inibir a inovação. A Lei dos Contratos Públicos, Lei 663, (2003), estabelece os procedimentos e processos de concurso que parecem ser complexos. Os documentos normalizados de concurso fornecidos pela autoridade responsável pelos contratos públicos não prevêem atualmente questões sustentáveis e há dificuldades em inserir questões ambientais nos documentos de concurso. Embora o sector dos contratos públicos seja frequentemente citado como um obstáculo à tomada em consideração das questões sociais e ambientais nas aquisições, as autoridades públicas podem incorporar várias considerações nos processos de adjudicação, a fim de garantir que o resultado esteja em conformidade com a ética básica dos contratos públicos (Comissão Europeia, 2011). A contratação pública é um domínio complexo que requer uma assistência jurídica considerável; existem disposições permissivas desde que a ética da contratação não seja violada. Recomenda-se formação especial e ensinamentos retirados das regras internacionais em matéria de contratos públicos para incorporar questões ambientais nos documentos do concurso e, ao mesmo tempo, permitir flexibilidade para utilizar as competências inovadoras dos responsáveis pela execução. Recomenda-se vivamente que os funcionários ambientais se tornem parte integrante de todo o processo de aquisição a nível distrital, com o objetivo de promover o desempenho ambiental dos contratos adjudicados pelo distrito.

4.8 Resumo do capítulo 4

Este capítulo apresenta a análise e discussão dos resultados do inquérito por questionário que foi realizado. Foram analisados os principais resultados relacionados com os factores que conduzem as questões ambientais na aquisição de construção e os desafios para a incorporação de questões de sustentabilidade ambiental na aquisição de construção a nível distrital. Isto foi feito através da análise das respostas ao inquérito utilizando estatísticas descritivas e análise de factores. As respostas ao inquérito mostraram que todas as fases do processo de aquisição são áreas potenciais para incluir questões de sustentabilidade ambiental ao nível distrital. Em termos do documento contratual, foi dada prioridade ao objeto do contrato, aos critérios de adjudicação do contrato e às cláusulas de execução do contrato

enquanto os critérios de adjudicação de contratos foram referidos como tendo uma prioridade consideravelmente baixa. As respostas ao inquérito sublinharam que todos os principais intervenientes, nomeadamente os engenheiros distritais, os responsáveis pelo ambiente, os responsáveis pelo levantamento das quantidades e os responsáveis pelas aquisições, têm um papel considerável a desempenhar em todas as fases do processo de construção. A partir dos resultados e da análise do inquérito, os factores que impulsionam a incorporação de questões de sustentabilidade ambiental nos contratos de construção foram identificados em quatro grandes grupos, nomeadamente Influência da liderança, cultura ambiental, influência do público e competências pessoais. Os desafios à incorporação de questões de sustentabilidade ambiental nos contratos públicos de construção foram identificados em cinco grandes grupos, nomeadamente: Falta de consciencialização, falta de estratégia, fraco apoio da gestão, fraca comunicação e documentação e processos complexos. O próximo capítulo apresenta as conclusões do estudo e as suas recomendações.

CONCLUSÃO E RECOMENDAÇÃO

Introdução

Este estudo centrou-se na exploração dos factores que impulsionam a incorporação de questões de sustentabilidade ambiental na aquisição de construção a nível distrital, com enfoque nas assembleias distritais. A introdução principal à investigação foi abordada no Capítulo Um. O Capítulo Dois discutiu os dados teóricos relacionados com a aquisição de construção e a gestão ambiental no Gana. No Capítulo três, foram consideradas as questões metodológicas e foram selecionadas e justificadas as abordagens de investigação adequadas. O capítulo quatro apresentou a análise e forneceu discussões pormenorizadas sobre os resultados. Neste último capítulo, a investigação é encerrada com um resumo das questões abordadas ao longo do estudo. O capítulo termina com recomendações para futuras investigações que podem ser efectuadas com base nas conclusões e limitações do estudo.

Revisão dos objectivos da investigação

Recapitulando o que foi discutido anteriormente no Capítulo Um deste relatório, o objetivo desta investigação foi explorar os factores que impulsionam a incorporação de questões de sustentabilidade ambiental nas aquisições de construção a nível distrital. Foram definidos quatro objectivos de investigação para este estudo.

Objetivo 1: identificar a legislação, os regulamentos e as normas fundamentais relacionados com o ambiente que afectam as actividades de construção no Gana

O segundo capítulo do estudo identificou os principais actos legislativos, regulamentos e normas relacionados com a gestão ambiental no Gana. A análise da literatura revelou uma série de leis nacionais, incluindo a Constituição do Gana, que aborda dez questões ambientais fundamentais, nomeadamente Poluição atmosférica, ambiente costeiro e marinho, energia e recursos minerais, flora e fauna, substâncias perigosas/químicas, desenvolvimento humano e povoamento, saúde e segurança, gestão dos solos, controlo do ruído, gestão dos resíduos sólidos, gestão da água e poluição. Além disso, verificou-se que a Agência de Proteção do Ambiente (EPA) oferece programas de formação em matéria de reforço das capacidades a todas as assembleias distritais sobre a forma de introduzir as necessidades da Avaliação Ambiental Estratégica (AAE) nos seus Planos de Desenvolvimento a Médio Prazo. Além disso, a EPA efectua visitas distritais integradas em que visita as principais comunidades ambientalmente sensíveis em cada distrito. As visitas são normalmente efectuadas em conjunto com membros das Assembleias Distritais.

Comité de Gestão Ambiental. As Assembleias exigem que os empreiteiros e fornecedores que concorrem a contratos tenham a certificação ISO14001 em projectos financiados por doadores. A investigação também identificou que, embora cada assembleia distrital tenha leis que ajudam a proteger o ambiente, não existe um método definido para as incorporar no atual sistema de aquisições.

Objetivo 2: identificar as actuais práticas de sustentabilidade ambiental na contratação de construção ao nível da assembleia distrital

A pesquisa procurou descobrir a prática atual nas Assembleias Distritais no que diz respeito à forma como as questões de sustentabilidade ambiental são incorporadas na adjudicação de contratos de construção, notou-se a partir das respostas discutidas no capítulo quatro que, apesar de concordarem com o impacto das actividades de construção no ambiente, tais como: desflorestação, elevado consumo de energia, impactos na qualidade da água, produção de resíduos de construção, ruído e vibração, qualidade do ar e impactos visuais, pouco foi feito para mitigar isto durante o processo de adjudicação de contratos de construção. Um número esmagador de funcionários ambientais indicou que os distritos têm um plano de gestão ambiental, mas há poucas possibilidades de os incorporar no processo de adjudicação da construção. Quase todas as partes do documento de concurso, bem como o processo de aquisição de construção foram considerados áreas relevantes para incorporar questões de sustentabilidade ambiental. O seu contributo para a aquisição da construção é mínimo. Como esperado, as conclusões levam a crer que, embora os inquiridos estejam conscientes do impacto das actividades de aquisição de construção no ambiente, não lhe prestam atenção quando a aquisição está a ser feita. A única medida positiva identificada é a inclusão de funcionários responsáveis pelo ambiente no painel de avaliação de certos projectos isolados que se pensa terem impactos ambientais elevados.

Objetivo 3: identificar os factores que determinam a incorporação das questões de sustentabilidade ambiental da construção nos contratos públicos a nível das assembleias distritais

Devido ao número relativamente elevado de variáveis dependentes (ou seja, 15 factores que determinam a incorporação de questões de sustentabilidade ambiental no processo de adjudicação de contratos de construção) envolvidas no estudo, era possível que algumas das variáveis medissem o mesmo efeito subjacente. Por conseguinte, considerou-se imperativo utilizar a técnica de redução de dados, principalmente a análise de factores, para determinar quais das variáveis poderiam estar a medir aspectos das mesmas dimensões subjacentes. Os factores extraídos foram agrupados em quatro e designados por Influência da Liderança, Cultura Ambiental, Influência Pública e Competências Pessoais. Nos últimos tempos, os estudos sobre o ambiente têm sido popularizados na literatura académica e tem havido uma ênfase renovada na incorporação de questões de sustentabilidade ambiental nos contratos públicos ao nível da assembleia distrital e nas disciplinas de construção (*cf.* Ayarkwa, 2010; Walker, et al. 2007).

Objetivo 4: identificar os desafios enfrentados pela incorporação de questões de sustentabilidade ambiental nas operações de aquisição de construção ao nível da Assembleia Distrital

Este objetivo baseou-se na noção de que, apesar dos avanços na gestão dos contratos públicos e na gestão ambiental no Gana, ainda existem estrangulamentos que impedem o rápido crescimento deste sector. Era imperativo utilizar a técnica de redução de dados, principalmente a análise de factores, para reduzir as quarenta variáveis em cinco componentes, uma vez que se verificou que mediam aspectos das mesmas dimensões subjacentes. Os desafios à incorporação de questões de sustentabilidade ambiental nos contratos de construção foram designados como: Falta de consciencialização, falta de estratégia, fraco apoio da gestão, fraca comunicação e documentação e processos complexos. Nesta nota, o estudo explorou os desafios que confrontam a incorporação das questões de sustentabilidade ambiental da construção na operação de aquisição ao nível da Assembleia Distrital. Isto exige que o governo acelere os esforços de revisão dos actuais documentos de contratação pública para incorporar as questões de sustentabilidade ambiental no sistema de contratação pública. Isto pode ser feito através da inserção de um requisito ambiental nas várias secções do documento do concurso, tais como o Objeto, Especificação Técnica, Critérios de Seleção, Critérios de Adjudicação e Cláusulas de Desempenho, ou dando espaço nestas secções para os funcionários distritais inserirem os seus próprios requisitos ambientais.

5.1 Contribuição científica

A contribuição científica desta investigação é tripla:

A primeira é que sugere que a identificação e a inclusão de questões de sustentabilidade ambiental nos documentos de aquisição e de concurso de construção são factores importantes na gestão ambiental ao nível distrital.

A segunda é que, através desta tese, é sugerido um novo paradigma de mentalidade de construção amiga do ambiente a ser empregue pelo departamento de obras ao nível da assembleia distrital, de modo a produzir projectos mais sustentáveis do ponto de vista ambiental.

Por fim, a última contribuição científica é a identificação da possibilidade de utilização dos conhecimentos dos técnicos ambientais na estrutura do sistema de administração local nos processos de adjudicação para aquisição de projectos de construção sustentáveis do ponto de vista ambiental com valor acrescentado.

5.2 Limitações do estudo

As visitas a alguns dos distritos revelaram-se difíceis, pelo que os questionários foram enviados por correio eletrónico. Assim, não houve oportunidade de explicar certas partes dos questionários que eram difíceis de compreender à primeira vista.

5.3 Recomendações e implicações políticas

As seguintes recomendações são, portanto, prescritas para o planeamento, conceção e incorporação de questões de sustentabilidade ambiental na aquisição de construção a nível distrital no Gana.

Recomendações à autoridade responsável pelos contratos públicos

Deverá ser criado um novo instrumento legislativo que oriente os contratos públicos sustentáveis, uma vez que a atual legislação em matéria de contratos públicos aborda poucas questões de sustentabilidade. Para o efeito, a atual legislação em matéria de contratos públicos e os documentos emitidos pela CAE devem ser revistos de modo a incluir questões de sustentabilidade.

Recomendações às autoridades distritais

- Os empreiteiros devem ser obrigados a apresentar o seu plano de responsabilidade ambiental comunitária à autoridade distrital e à comunidade antes de lhes serem adjudicados os contratos.
- Examinar os custos dos impactos da atividade de construção no ambiente para que seja possível, no futuro, utilizar critérios de avaliação que tenham em conta esses impactos na avaliação do projeto e identificar medidas para os compensar.
- Deveria existir um órgão de controlo que incluísse também os chefes, os líderes de opinião da comunidade e os responsáveis pelo ambiente, para garantir que as empresas de construção cumprem os regulamentos e que as obras são realizadas em benefício de toda a comunidade.
- Realizar reuniões de avaliação em vez de meras reuniões informativas em que os proponentes possam discutir a perceção do cliente sobre os requisitos ambientais do projeto.
- Proporcionar aos proponentes a oportunidade de entrarem em contacto com o ambiente do projeto, a fim de adquirirem informações mais valiosas sobre os impactos no ambiente e, assim, produzirem soluções de conceção que tenham em conta o contexto ambiental e aumentem a responsabilidade ambiental da comunidade.

Apresenta-se de seguida a proposta do investigador sobre a forma como as questões de sustentabilidade ambiental podem ser introduzidas nos documentos do concurso para a adjudicação de contratos de construção:

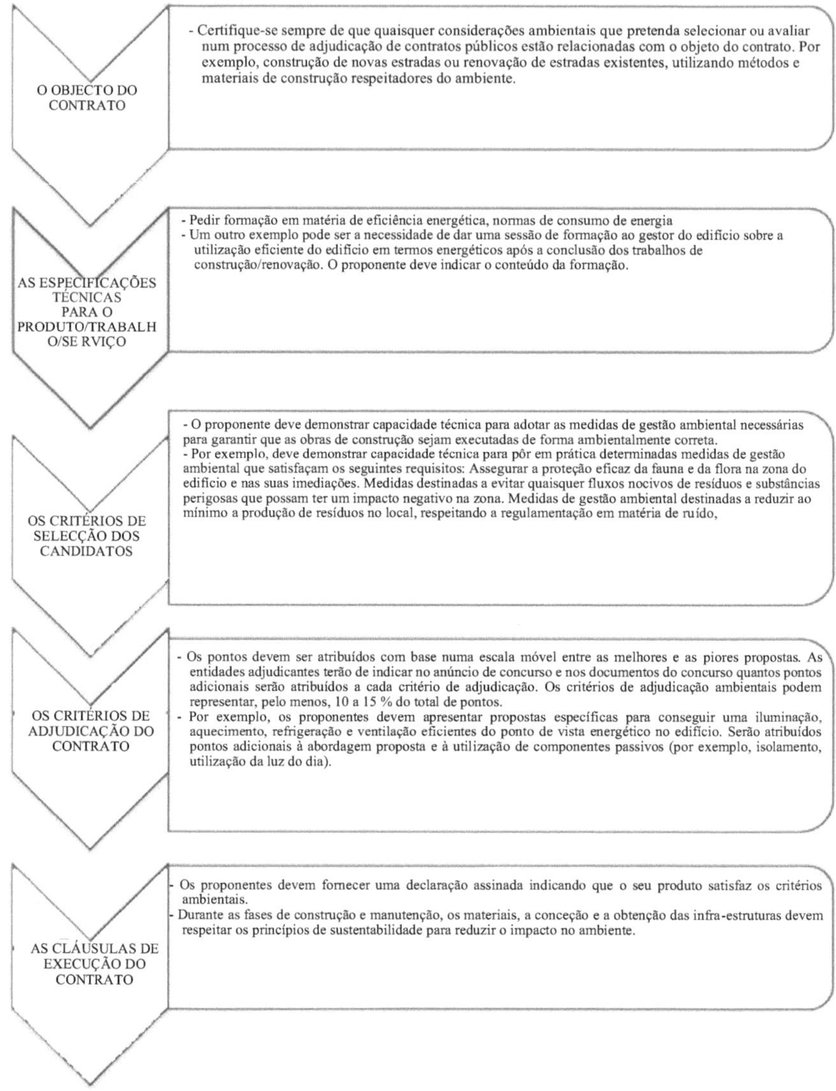

Figura 5. 1 Como introduzir questões de sustentabilidade ambiental no documento do concurso

Apresenta-se de seguida a proposta do investigador sobre a forma como as questões de sustentabilidade ambiental podem ser introduzidas no processo de adjudicação de contratos de construção:

AVALIAÇÃO DAS NECESSIDADES

- Ao estabelecer o que deve ser adquirido, envolva as partes interessadas da comunidade e inclua os serviços dos funcionários ambientais

PRIOTIZAÇÃO DAS NECESSIDADES

- Decidir qual a aquisição mais pertinente e respeitadora do ambiente

PLANO DE AQUISIÇÕES

- Pacotes de contratos, custo estimado para cada pacote, método de aquisição, etapas e tempos de processamento devem incluir o custo da monitorização ambiental

ORÇAMENTO

- Após a aprovação do orçamento e, posteriormente, a intervalos trimestrais, cada entidade adjudicante deve apresentar uma atualização do plano de aquisições à Comissão de Concursos. Deve dispor de um orçamento para a gestão ambiental

PREPARAÇÃO DOS CADERNOS DE ENCARGOS

- Decidir sobre as estratégias de aquisição em termos de contrato, estratégia de fixação de preços e de objectivos e procedimento de aquisição. Solicitar aos contratantes que apresentem um plano de gestão ambiental

ADJUDICAÇÃO DO CONTRATO

- Solicitar propostas, avaliar as propostas, adjudicar o contrato
- Os responsáveis pelo ambiente devem ser envolvidos em todos os principais processos de adjudicação de contratos. Atribuir pontos às estratégias de gestão ambiental

ADMINISTRAÇÃO DE CONTRATOS

- Administrar os contratos e confirmar o cumprimento dos requisitos, incluindo os requisitos ambientais
- Os agentes ambientais devem ser utilizados como agentes de salvaguarda

Figura 5.2 Como introduzir questões de sustentabilidade ambiental no processo de adjudicação de contratos de construção

5.4 Investigação futura

Há uma série de oportunidades de investigação a explorar no futuro com base neste estudo:
Com base nesta investigação, poderá ser desenvolvido um modelo de enquadramento para incorporar questões de sustentabilidade ambiental nos contratos públicos.
Além disso, a investigação centrou-se nas assembleias metropolitanas, municipais e distritais, mas a situação poderia ser comparada com a do sector privado para determinar se os factores e desafios com que o sector privado se depara são os mesmos.
Finalmente, uma outra proposta de pesquisa poderia ser o estudo do papel do oficial ambiental na aquisição de construção ao nível distrital. Uma vez que os oficiais ambientais responsáveis pela proteção ambiental ao nível distrital são por vezes formados como oficiais de salvaguarda em projectos financiados por doadores, existe a possibilidade de replicar este papel nas actividades de construção dos próprios distritos.

REFERÊNCIAS

Adetunji, I., Price, A.D.F., e Fleming, P., (2008) Achieving Sustainability In The construction supply chain. In: Proceedings of the Institution of Civil Engmeers: Engmeering Sustainability, setembro de 2008. pp. 161 - 172.

Adjorlolo Ruth, (2014) "Vice President Amissah-Arthur calls for collaborative efforts to protect environment", http://www.gbcghana.com, Retrieved 2014-04-20.

Adu Sarfo P, (2011), Avaliação dos efeitos da Lei dos Contratos Públicos (663) na gestão das finanças públicas na região de Ashanti

Agyekwena B., (2010), Assembleias Distritais adoptam AAE nos Planos de Desenvolvimento a Médio Prazo no Gana

Ahadzie, D.K. (2007) "A Model For Predicting The Performance Of Project Managers In Mass House Building Projects In Ghana", tese de doutoramento, Universidade de Wolverhampton, Reino Unido: 2007.

Allison, R. E. (1998) "Ethical Values as Part of Definition of Business Enterprise and Part of the Internal Structure of the Business Enterprise", *Journal of Business Ethics*, 17 (9/10), 1015-1028.

Annandale. D., Morrison-Saunders. A., Bouma. G., (2002) The impact of voluntary environmental protection instruments on company environmental performance, Business

Ayarkwa J, Ayirebi-Dansoh, Amoah P., (2010), Barriers to Implementation of EMS in Construction Industry in Ghana, *International Journal of Engineering Science*, Volume 2, Número 4, 2010

Ball ,A, (2005), Environmental Accounting and Change in UK Local Government, *Accounting Auditing & Accountability Journal*, Vol. 18 Iss: 3, pp. 346-373

Bansa (2007), Construction: Global Growth in Civil Engineering to Top 6 Percent, *Financial Time.*

Begley, R., (1996) Is ISO 14000 Worth It? *Jornal de Negócios Estratégia*, (setembro/outubro), 50-55. Estratégia e Ambiente 13, 1-12

Benneh, G, (1990) Land Degradation In Ghana. Secretariado da Commonwealth Universidade do Gana

Berger, A. e Udell, G. (1998) "The economics of small business finance: the roles of private equity and debt markets in the financial growth cycle", *Journal of Banking and Finance*, 22 (6-8), 613-73.

Bernard, H.R., (2002) Research Methods in Anthropology: Qualitative and Quantitative Approaches 2nd ed. Walnut Creek, CA: AltaMira.

Berry, C, McCarthy, S., (2011) *Guide to sustainable procurement in construction*, publicado pelo CIRIA, Classic house, 174-180 Old Street, London, EC1V 9BP, UK

Bodriguez, 2008, "Resource Mega Project Analysis And Decision Making", Victoria, BC: Institute for Research on Public Policy, Western Resources Program.

Boyefio Gilbert, (2008), Ghana to adopt Sustainable Public Procurement. The Statesman. Acedido em 20 de novembro de 2012 a partir de www.mordernghana.com

Distribuição das assembleias metropolitanas, municipais e distritais em Gana, www.ghanadistricts.com. Recuperado em 2014-04-20.

Brorson, T. e Larsson, G., (1999), Environmental Management: How to Implement an Environmental Management System within a Company or Other Organization, EMS AB, Estocolmo.

Bryman, A., (2008). Métodos de Investigação Social. 3.ª ed. Oxford: Oxford University Press.

Bryman, A., e Cramer, D., 2005. Quantitative Data Analysis with SPSS 12 and 13. East Sussex: Routledge.

British Standards institution, BS 8903, 2010, Principles and Framework for Procureing

Sustainably
Carter, C.R., Dresner, M., (2001) Purchasing's role in environmental management: cross-functional development of grounded theory. *Supply Chain Management* 37 (3), 12-26.
Chavan Meena, (2005) An appraisal of environment management systems, A competitive advantage for small businesses in Management of Environmental Quality: An International Journal Vol. 16 No. 5, , pp. 444-463, Emerald Group Publishing Limited
Child (1999), "Research Design: Qualitative, Quantitative and Mixed Methods Approaches", 2ª edição, Sage publications
Child, D. (1990), "The Essentials of Fator Analysis", 2ª edição, Cassel Educational Ltd, Londres.
CIRIA (2006) Construction Industry Research And Information Association, Compliance, A Ciria Project, Waste. [Online]. [Consultado em 14/04/2014]. Disponível em:Http://Www.Ciria.Org.Uk/Complianceplus/4_Guidance2.Htm?G_Id=J.
Clements, R. B. (1996): Complete Guide to ISO 14000. Upper Saddle River, New Jersey: Prentice Hall.
CLGF (Commonwealth Local Government Forum): Local Government System in Ghana (sine anno) http://www.clgf.org.uk/userfiles/clgf/file/countries/Ghana.pdf. Acedido em 1/2/2014
Constituição da República do Gana, (1992).
Cooper, D. e Schindler, P., (2003). Business research methods, 8ª edição, Boston: McGraw-Hill.
Cooper, R., Frank, G., Kemp, R., (2000). Uma comparação multinacional das principais questões éticas ajuda e desafia a profissão de gestão de compras e aprovisionamento: as principais implicações para as empresas e as profissões. *Journal of Business Ethics* 23, 83-100. Correlação ou erro de especificação? Strategic Management Journal 21 (5) 603-609
Corbett C.J. e Kirsch D. A., 2001, "International Diffusion Of ISO Certification, Production And Operations Management, 10(3), 327-342
Creswell, J. W. e Clark, V. L. P., 2007, Designing and Conducting Mixed Methods Research Ed. Calif., Universidade de Nebraska-Lincoln: Sage Publications, Inc
Cronbach, L.J., (1951) Coefficient alpha and the internal structure of tests. Psychometrika 16(3), 297 - 335.
Delmas, M., (2001) Stakeholders and competitive advantage: the case of ISO 14001, Production & Operations Management, vol. 10. Sociedade de Gestão das Operações de Produção, pp. 343-358.
Denzin, N.K., e Lincoln, Y.S., (2000) Handbook of Qualitative Research. Califórnia: Sage Publications.
Didenko, I. e Konovets, I., (2008). Success Factors in Construction Projects: A Study of Housing Projects in Ukraine. Pg. 31-46.
Dolva Loland Christiane (2007) Green Public Procurement, How widespread is Green Public Procurement in Norway, and what factors are seen as drivers and barriers to greener procurement practice? Emergent Methods in Social Research. Londres: Sage Publications, pp.165-182.
Driscoll T, Halliday A, Rastad J, e Stock R, (2010), Green Procurement Practices in the London Borough of Croydon, An Interactive Qualifying Report Submitted to the Faculty of Worcester Polytechnic Institute
Elene, A. I. e Seaman, C. A.,(2007) Likert scales and data analyses. Quality Progress 40, 64 - 65.
Elliehausen, G. e Wolken, J. (1993), "The Demand for Trade Credit: An Investigation of Motives for Trade Credit Use by Small Business", Board of Governors of the Federal

Reserve System, Washington, DC, setembro de 1993.
Ambiente: Veep apela a esforços de colaboração para proteger o meio ambiente", GBC.com. Recuperado em 2014-04-20.
Regulamentos de Avaliação Ambiental, (1999) L.I. 1652
Grupo de Gestão Ambiental (EMG), (2004) Background Paper on Sustainable Procurement and Environmental Management Programs for the UN System, 8ª Reunião do Grupo de Gestão Ambiental Sede do PNUA, Gigiri, Nairobi, Quénia.
EPA (1991): Plano de Ação Ambiental do Gana (Vol.1). Agência de Proteção Ambiental, Accra Gana.
EPA (1994): Plano de Ação Ambiental do Gana (Volume dois) Documentos técnicos de base dos seis grupos de trabalho (Ed. Liang, E.) Conselho de Proteção Ambiental, Accra
EPA (1995) Ghana: Industrial Waste Study-Progress Report, GOPA e Agência de Proteção Ambiental, Accra Ghana.
EPA (1997) Newsletter Volume 1 Número 6, Agência de Proteção Ambiental, Accra, Gana.
EPA (1999) Proposed National Environmental Quality Standards and Monitoring Requirements for Industrial Effluents, Air and Noise Level Regulations, Environmental Protection Agency, Accra Ghana.
EPA (2001): Relatório sobre a Monitorização das Águas Subterrâneas na Região Ocidental, Accra.
EPA (2002): State of Environment Report 2001. Agência de Proteção do Ambiente, Accra Gana
Comissão Europeia (2004), Diretiva 2004/18/CE do Parlamento Europeu e do Conselho relativa à coordenação dos processos de adjudicação dos contratos de empreitada de obras públicas, dos contratos públicos de fornecimento e dos contratos públicos de serviços.
Comissão Europeia (2011), "Buying- a handbook on environmental public procurement", Bélgica http://ec.europa.eu/environment/gpp/pdf/, buying green handbook, en.pdf, Recuperado em 2014-04-24.
Farvacque-Vitkovic, Catherine, Madhu Raghunath, Eghoff, C, Boakye C. (2008) Development of the Cities of Ghana: Challenges, Priorities and Tools. Série de Documentos de Trabalho da Região de África n.º 110. janeiro de 2008. Banco Mundial.
Fellows, R., e Liu, A., (2008) Research Methods for Construction. 3.ª ed. Oxford: Blackwell Publishers Ltd.
Ferguson, M.E., Toktay, L.B., (2006) The effect of competition on recovery strategies. Production & Operations Management 15 (3), 351-368.
Field, A. (2005), Fator Analysis Using SPSS: Theory and Application^ , Disponível em: http://www.sussex.ac.uk/users/andyf/fator.pdf, acedido em 25 de março de 2010.
Fineman, S., (1997) Constructing the green manager. In: McDonagh, P., Prothero, A. (Eds.), Green Management: A Reader. Dryden Press, Londres.
Fink, A., (2003) How to Ask Survey Questions. 2ª ed. Thousand Oaks, Califórnia e Reino Unido: Sage Publications.
Fink, A., (2010) Conducting Research Literature Reviews: from the Internet to paper. 3.ª ed. Londres: Sage Publications.
Flower, F., (2002) Survey Research Methods. Londres: Sage Publications Ltd.
Gabriel, Y., Fineman, S., Sims, D., (2000) Organizing and Organizations. Sage, Londres.
Gamage, Inoka Shyamal Withana, (2011) A Waste Minimisation Framework for the Procurement of Design and Build Construction Projects, Retrieved from https://dspace.lboro.ac.uk/ on 2014-04-24.
Gay, I. R. (1990). Investigação educacional, competências para análise e aplicações. Merrill Publishing Company.

Gbedemah, F. S., Environmental Management System (ISO14001) Certification in Manufacturing Companies in Ghana: Perspectivas e Desafios
Giannikis, Vyron, (2011), Value Based Tendering: Um modelo para o empreiteiro fornecer valor acrescentado na documentação da proposta e aumentar as hipóteses de ganhar o concurso
Glaser, B.G., e Strauss, A.L., (1967) The Discovery of Grounded Theory: Strategies for Qualitative Research. Chicago: Aldine.
Gonzalez-Benito,O, Gonzalez-Benito, J, (2005) The Role of Stakeholder Pressure and Managerial Values in The Implementation of Environmental Logistics Practices
Gorsuch, R. L. (1983), "Fator Analysis", Lawrence Erlbaum, Hillsdale, NJ
Governo do Gana (1999) Programa de Gestão e Reforma (PURFMARP), Accra: Ministério das Finanças, Gana.
Governo do Gana (2003) Declaração orçamental de 2003, Acra, Gana
Governo do Gana (2003), relatório de avaliação dos contratos públicos no país, Acra, Gana
Governo do Gana (2003) Public Procurement ct, 2003 (Act 663) Acra, Gana
Green, K., Morton, B., New, S., (1996) Purchasing and environmental management: interactions, policies and opportunities. Business Strategy and the Environment 5, 188-197
Hall, J., (2001) Environmental supply chain innovation. Greener Management International 35, 105-119.
Handfield, R., Walton, S.V., Seegers, L.K., Melnyk, S.A., (1997) Green value chain practices in the furniture industry. Journal of Operations Management 15 (4), 293-315.
Happold, Buro ,(2007) Construction environmental management plan (CEMP), Hayle Harbour Revision 01, Environmental Statement November 2007, Section17-11
Harry, B.N.A. (2002), "Ghana's mining sector: its contribution to the national economy", and How to Influence It", Citizenship Studies, 2 (2), 329-352.
Hart, S.L., (1995). A natural resource based view of the firm. Academy Management Review 20 (4), 986-1014
Helen Walker, Lucio Di Sistob, Darian McBainc, (2008) Drivers and barriers to environmental supply chain management practices: Lessons from the public and private sectors, Journal of Purchasing & Supply Management 14, 69-85 2008, Publicado por Elsevier Ltd
Henriques, I., Sadorsky, P., (1999). The relationship between environmental commitment and managerial perceptions of stakeholder importance. Academy of Management Journal 42 (1) 87-99
Hervani, A., Helms, M., (2005). Medição do desempenho para a gestão da cadeia de abastecimento ecológica. Benchmarking: An International Journal 12 (4), 330-353.
Hewitt, G. e Gary, R. (1998): ISO 14001 EMS Implementation Handbook, Butterworth-Heinemann Ltd, Oxford, U.K.
HM Government, (2005), Securing the future. The UK Government sustainable developmentstrategy:www.defra.gov.uk/sustainable/government/publications/uk strategy/documents/SecFut_complete.pdf,
Hyden, H, S, (2012), Towards A Theory Of Law And Societal Development, Universidade de Lund, Suécia
Inno Mergi, (2005), Assessment of the ISO 14001 Implementation Process in Estonian Certified Construction Companies, Department of Civil and Environmental Engineering Water Environmental Technology Chalmers University of Technology
Organização Internacional de Normalização, ISO 10845-1 2010, Contratos de construção, Parte 1 Processos, métodos e procedimentos
International Organization for Standardization , ISO 14000 (n.d) Environmental Standards: A Survey Of U.S. Corporations, Advances In Environmental Accounting &

Management, Volume 1, Pages 123-140, Elsevier Science Inc.
Organização Internacional de Normalização, ISO (1996): ISO 14001 EMSSpecifications with Guidance for Use International Organization for Standardization, Genebra.
Organização Internacional de Normalização, ISO (2003): Inquérito ISO: Organização Internacional de Normalização, Ref.: 864
Organização Internacional de Normalização, ISO World (2004): The Number of ISO 14001 Certification of the World".
Organização Internacional de Normalização, ISO (2011) : Ten good things for SME's, Disponível em www.iso.org
Jacoby, J., e Matell, M. S., (1971) Three-Point Likert scales are good enough. Journal of Marketing Research 8, 495 - 501.
Jaillon, L., Poon, C.S., and Chaing, Y.H., (2009) Quantifying the waste reduction potential of using prefabrication in building construction in Hong Kong. Waste Management 29(1), 309 - 320.
Jana Selih, (2007) Environmental Management Systems And Construction Smes: A Case Study For Slovenia. Journal Of Civil Engineering And Management, 2007, Vol Xiii, No 3, 217-226, Retrieved From Http:/www.Jcem.Vgtu.Lt
Katz, B. e Levin B., (1988) "Exploiting Lexical Regularities in Designing Natural Language Systems", Proceedings of the 12th International Conference on Computational Linguistics, p316-323.
Kein, A.T.T., G. Ofori e C. Briffett. (1999) ISO 14000: Its relevance to the Construction Industry of Singapore and Its potential as the Next Industry Milestone. Construção
Kofi Matin (2009) "Effect of Large Number On Productive", (6), 329-352.
Kuusi Suvi (2009) Aspects of Local Self-Government: Ghana. Programa de Cooperação Norte-Sul da Administração Local, Associação das Autoridades Locais e Regionais Finlandesas.
Marsh D. e Stoker G. (2002) Theories and Methods in Political Science, 2nd Ed. Houndmills, Reino Unido: Palgrave, Macmillan
Mcwilliams Abagail, And Siegel Donald, (2000) Corporate Social Responsibility And Financial Performance: Correlation Or Misspecification? Strat. Mgmt. J., 21:603-609.Doi:10.1002/(SICI)1097-0266(200005) 21:5<603::AID-SMJ101>3.0.CO;2-3
Mitchell, 1996, Assessing the reliability and validity of questionnaires: an empirical example (Avaliar a fiabilidade e a validade dos questionários: um exemplo empírico). Journal of applied management studies 5(2), 199 - 207.
Ministério das Finanças , (2014) Background to Ghana's Public Financial Management System, Retrieved From www.ghana.gov.gh
Norusis, M. (2000), "The SPSS Guide To Data Analysis For SPSS-X." SPSS Inc, Chicago
Ofori, G. (1998). Construção sustentável: Principles and a Framework for Attainment - Comment. Gestão e Economia da Construção, 16(2): 141-145.
Ofori, G., (1992), O ambiente: o quarto objetivo do projeto de construção? Gestão e Economia da Construção, 10 (5): 369-395
Opintan-Baah, Emmanuel, Yalley P. P., Kwaw P., Osei-Poku G, 2011, An investigation into Environmental Protection Agency in the Ghanaian construction Industry (Uma investigação sobre a Agência de Proteção Ambiental na indústria da construção do Gana)
Owusu M. D. e Badu E., (2009) Determinantes da estratégia de financiamento do investimento de capital dos empreiteiros no Gana. *Journal of Financial Management of Property and Construction,* Vol. 14 No. 1, 2009. Emerald Group Publishing Limited, 0007070X.
Poon, C.S., YU, A.T., e Jaillon, L., (2004b) Reducing building waste at construction

sites in Hong Kong. Construction Management and Economics 22(5), 461- 470.
Ppa E- bulletin, (2013) recuperado em 20 de novembro, 2013 de www.ppa.org
DEFRA, (2006), Procuring the Future, Sustainable Procurement National Action Plan, Recommendations from the SP task force, Department of Environment Food and Rural Affairs (DEFRA), HM Government, Londres, Reino Unido
Lei dos Contratos Públicos, (2003) Lei 663
Manual de Contratos Públicos, (2003)
Pun K.F. Hui I.K e. Lee W.K, (2001) EMS approach to environmentally-friendly construction operations, The TQM Magazine Volume 13
Pun Kit-Fai, Hui Ip-Kee, Lau Henry C.W., Hang-Wai Law, Lewis Winston G., (2002) Development of an EMS planning framework for environmental management practices Retrieved from www.emeraldinsight.com
Rao, P., Holt, D., (2005) Do green supply chains lead to competitiveness and economic performance? International Journal of Operations & Production Management 25 (9-10), 898-916.
Robson, C., (2002) Real World Research. 2nd ed. Oxford: Blackwell Publications.
Rodriguez-Rodriguez, O.M. (2011) "Firms as credit suppliers: an empirical study of Spanish Firms", International Journal of Managerial Finance, 4 (2), 152-173.
Saunders, M., Lewis, P., e Thornhill, A., (2007) Research methods for business students. 4ª ed. Harlow: *Financial Times Prentice.*
Seneviratne Mario, (2011), The Use of Green Building Materials in Construction and their Impact on Rating Systems, Dubai, U.A.E. Apresentação Direitos de autor - Green Technologies FZC
Somiah M., K, (2014), Factores que explicam a construção de edifícios não autorizados no Gana, Tese de Mestrado apresentada ao Departamento de Tecnologia da Construção, KNUST
Spence, R Mulligan,H, (1995), Sustainable Development And The Construction Industry, Pg 297
Strandberg Coro, (2002), The Future Of Corporate Social Responsibility, Relatório para a Vancity Credit Union, Vancouver, B.C.
Streubert, H.J. e Carpenter, R.D. (1999) Qualitative Research in Nursing: Advancing the Humanistic Imperative. 2ª Ed. Philadelphia: Lippincott Williams & Williams
Tan, W., (2002) Practical Research Methods. Singapura: Pearson Education Asia Pte Ltd.
Tabachnick, B,G e Fidell L, S, (1996) Using Multivariate Statistics, Vol 1, HarperCollins College Publisher
Theyel, G., (2001) Customer and supplier relations for environmental performance. Greener Management International 35, 61-69.
Trowbridge, P., (2001) A case study of green supply chain management at advanced micro devices. Greener Management International 35 (outono), 121-135.
Tse, R.Y.C. (2001). The Implementation of EMS in Construction Firms: Case Study in Hong Kong, Journal of Environmental Assessment Policy and Management, 3(2): 177-194
UNCHS, (1996) An Urbanising World: Global Report On Human Settlements 1996. Nações Unidas para os Assentamentos (Habitat), Nairobi
Nações Unidas, (1999) United Nations guidelines for consumer protection. Obtido em 20 de novembro de 2013 em www.un.org
Vachon, S., Klassen, R., (2006) Extending green practices across the supply chain: the impact of upstream and downstream integration. International Journal of Operations & Production Management 26 (7), 795-821.
Varnas, A., Balfors, B., Faith-Ell, C., (2009) Environmental consideration in procurement of construction contracts: current practice, problems and opportunities in

green procurement in the Swedish construction industry, Journal of Cleaner Production 17 (1), 1214 - 1222
Vaus, D.A.D., (1995) Survey in Social Research. Melbourne: Allen and Unwin.
Walker, D. H. T., e Hampson K. D., (2003) Implications of Human Capital Issues, Procurement Strategies: A Relationship Based Approach, Oxford, Blackwell Publishing 258-295.
Walker, D.H.T, e Nogeste, K., (2007) "Performance measures and project procurement", Derwal Publishers, Austrália Pp 177-210.
Walker, H, Di Sistob L, e Mcbainc D, (2008), Drivers and Barriers to Environmental Supply Chain Management Practices: Lessons from the Public and Private Sectors, Journal of Purchasing & Supply Management, 69-85, disponível em linha em www.sciencedirect.com
WCED (Comissão Mundial para o Ambiente e o Desenvolvimento). (1987), Our common Future. Imprensa da Universidade de Oxford
Wickenberg, Bjorn (2004), Translation of Sustainability into Public Procurement Practices in Swedish Municipalities, Tese de Mestrado da Universidade de Lund
Wikipédia (janeiro de 2014): Sistemas de Gestão Ambiental. Acedido em 20 de janeiro de 2014 a partir de www.wikpedia.org.
Wikipédia (janeiro de 2014): Sustainable Procurement. Acedido em 20 de janeiro de 2014 a partir de www.wikpedia.org.
Williams, S., Chambers, T., Hills, S., & Dowson, F., 2007, *Buying a Better World: Sustainable Public Procurement.* Retirado de http://www2.aashe.org/heasc/documents/BuyingaBetterWorld.pdf
Wycherley, I., (1999) Greening supply chains: the case of the Body Shop International. Business Strategy and the Environment 8, 120-127.
Yeboah Kofi & Tutuah Mensah Angelina Ama, (2014) "40 Years of environmental protection in Ghana: Pegadas da EPC à EPA". Daily Graphic / Ghana, Recuperado em Quinta-feira, 30 janeiro 2014 12:20 Publicado em recursos
Yin, R. (1993) Application of case study research. Newbury Park, CA: Sage Publishing.
Zabihollah Rezaee e Joseph Z. Szendi, (2000), An Examination Of The Relevance Of ISO 14000 Environmental Standards: A Survey Of U.S. Corporations Advances In Environmental Accounting & Management, Volume 1, Pages 123-140, Elsevier Science Inc.
Zhu, Q.H., Sarkis, J., Geng, Y., (2005). Green supply chain management in China: pressures, practices and performance. International Journal of Operations & Production Management 25 (5-6), 449-468.

APÊNDICE I

INCORPORAÇÃO DAS QUESTÕES DE SUSTENTABILIDADE AMBIENTAL NOS CONTRATOS PÚBLICOS DE CONSTRUÇÃO A NÍVEL DISTRITAL NO GANA

Caro(a) Senhor(a),

O meu nome é Harold Adjarko e sou um estudante de pós-graduação da Universidade de Ciência e Tecnologia Kwame Nkrumah. Atualmente, estou a fazer um mestrado em Gestão de Contratos Públicos e, no âmbito do meu programa, estou a escrever a minha tese sobre **"INCORPORAÇÃO DE QUESTÕES DE SUSTENTABILIDADE AMBIENTAL NA AQUISIÇÃO DE CONSTRUÇÕES A NÍVEL DISTRITAL NO GANA"**.

O objetivo da minha tese é sensibilizar as entidades adjudicantes de contratos públicos, incentivando-as a incluir questões de sustentabilidade ambiental nos concursos e a encorajar os contratantes a cumprir e a respeitar a regulamentação ambiental local.

Agradecia que tivesse tempo para preencher o questionário em anexo. Os vossos pensamentos e ideias sobre as questões são muito importantes e seriam de grande valor para a minha tese. Cada distrito será tratado de forma anónima e os dados serão utilizados apenas para a minha investigação. Se considerar que não é a pessoa indicada para responder a este questionário, agradecia que o reencaminhasse para a pessoa indicada. Se tiver alguma questão, pode contactar-me através do endereço .haroldadjarko@gmail.com

Se desejar obter um breve resumo da minha tese, incluindo os resultados do questionário, terei todo o gosto em enviar-lhos quando a investigação estiver concluída em junho.

Agradecemos antecipadamente o vosso tempo e consideração.

Com os melhores cumprimentos,

Harold Adjarko

Parte 1. Informações gerais

1.1. Indique qual das seguintes opções melhor descreve o seu cargo.

Diretor executivo ☐

Responsável pelas aquisições ☐

Responsável pelo desenvolvimento ☐

Chefe de loja ☐

Outros________________ ☐

Engenheiro distrital ☐

Inspetor de quantidades ☐

Responsável pelo ambiente ☐

Gestor de projectos ☐

1.2. Qual é a dimensão da sua organização?

Micro (1 - 9 empregados) ☐

Pequena (10 - 49 empregados) ☐

Médio (50 - 249 empregados) ☐

Grandes empresas (mais de 250 trabalhadores) ☐

1.3. Com qual destas classificações de empreiteiros trabalha normalmente?

a) Classe D1 e K1 ☐

b) Classe D2 e K2 ☐

c) Classe D3 e K3 ☐

d) Classe D4 e K4 ☐

1.4. Há quanto tempo exerce a sua atividade profissional?

☐

☐

☐

☐

a) <5 anos
b) 5-10 anos
c) >10 anos
Outros....................................

1.5. Quantos novos projectos foram realizados pelo seu distrito nos últimos dois anos?

a) 1 - 5 Projectos
b) 6 - 10 projectos
c) 11 - 15 Projeto
d) 16 anos ou mais

1.6. Que tipo de projectos de construção foram empreendidos pelo seu distrito no período indicado na pergunta 5 supra?

a) Casas residenciais de grande dimensão (não incluindo as de tipo andar)
b) Casas residenciais de grande dimensão (apenas de um piso)
c) Casas residenciais de grande dimensão (todos os tipos)
d) Alojamento para escritórios
e) Pousadas, hotéis, etc.
f) Edifícios industriais
g) Edifícios institucionais, por exemplo, escolas, hospitais, etc.
h) Habitação para auto-ocupação
i) Outros (especificar)..

2. 0 Questionário sobre as práticas actuais de EM das assembleias distritais.

Para cada pergunta, responder com um sinal (_) ou assinalar com um círculo as respectivas caixas de resposta.

2.1. Indique os seguintes impactos que, na sua opinião, as suas actividades de adjudicação de contratos de construção têm no ambiente. (Pode escolher mais do que uma resposta)

Impacto das actividades de construção no ambiente

a) Impacto do ruído e das vibrações	Baixa	Médio	Elevad o
b) Impactos na qualidade do ar	Baixa	Médio	Elevad o
c) Impactos visuais	Baixo	Médio	Elevad o
d) Impactos na qualidade da água	Baixo	Médio	Elevad o
e) Impactos dos resíduos de construção	Baixo	Médio	Elevad o
f) Elevado consumo de energia	Baixa	Médio	Elevad o
g) Desflorestação	Baixa	Médio	Elevad o
h) Outros	Baixa	Médio	Elevad o

2.2. Quais são os objectivos ambientais que considera relevantes e que estão efetivamente incluídos nos cadernos de encargos dos últimos dois anos?

Classifique de 1 a 5 o seu nível de acordo Assinale (...) o que está efetivamente incluído num concurso

(1 discordo totalmente 2 discordo 3 nem concordo nem discordo 4 concordo 5 concordo totalmente)

Utilização de energia	1 2	3	4	5	Utilização de energia	
Controlo da poluição atmosférica	1 2	3	4	5	Controlo da poluição atmosférica	
Reciclagem de materiais	1 2	3	4	5	Reciclagem de materiais	
Controlo do ruído	1 2	3	4	5	Controlo do ruído	

Controlo da eliminação de resíduos 1 2 3 4 5 | Controlo da eliminação de resíduos
Controlo da poluição da água 1 2 3 4 5 | Controlo da poluição da água
Outros (especificar) 1 2 3 4 5 | Outros (especificar)
Nenhum

2.3. Indicar a percentagem de objectivos ambientais cumpridos nos últimos cinco anos.

a) Inferior a 50%
b) 50% - 80%
c) Mais de 80%

2.4. Indicar em que parte do documento do concurso são incorporadas as questões de sustentabilidade ambiental?

Classifique de 1 a 5 o seu nível de acordo Assinale (...) o que está efetivamente incluído num concurso

(1 discordo totalmente 2 discordo 3 nem concordo nem discordo
4 concordo 5 concordo totalmente)

1. *Objeto do contrato* 1 2 3 4 5
2. *Especificações técnicas para o produto/obra/serviço;* 1 2 3 4 5
3. *Critérios de seleção dos candidatos* 1 2 3 4 5
4. *Os critérios de adjudicação do contrato;* 1 2 3 4 5
5. *As cláusulas de execução do contrato.* 1 2 3 4 5
6. *O objeto do contrato;*
7. *As especificações técnicas do produto/obra/serviço;*
8. *Os critérios de seleção dos candidatos;*
9. *Os critérios de adjudicação do contrato;*
10. *As cláusulas de execução do contrato.*

2.5. Indicar em que fase do concurso são incorporadas as questões de sustentabilidade ambiental?

Por favor, classifique de 1 a 5 o seu nível de acordo Por favor, assinale (...) o que está efetivamente incluído num concurso

(1 discordo totalmente 2 discordo 3 nem concordo nem discordo
4 concordo 5 concordo totalmente)

1) Determinação do que deve ser adquirido 1 2 3 4 5 *2) Decisão sobre as estratégias de aquisição em termos de contrato, preços e estratégia de seleção e procedimento de aquisição;* 1 2 3 4 5
3) Solicitação de ofertas públicas de aquisição; 1 2 3 4 5
4) Avaliação das ofertas públicas de aquisição; 1 2 3 4 5
5) Adjudicação do contrato; e 1 2 3 4 5
Gestão de contratos e confirmação do cumprimento dos requisitos 1 2 3 4 5

1) Determinar o que deve ser adquirido;
2) Decisão sobre as estratégias de aquisição em termos de contrato, preços e estratégia de seleção e procedimento de aquisição;
3) Solicitação de ofertas públicas de aquisição;
4) Avaliação das ofertas públicas de aquisição;
5) Adjudicação do contrato; e
6) Gestão dos contratos e confirmação do cumprimento dos requisitos

3.1 **Factores que determinam a incorporação de questões de sustentabilidade ambiental no sistema de aquisições a nível distrital.**

3.2 Qual a importância que atribui aos seguintes factores na introdução de questões de sustentabilidade ambiental no sistema de aquisições a nível distrital?

(5: Mais significativo; 1: Menos significativo)

Factores externos	**nível**

	1	2	3	4	5
Pressão governamental					
Pressão da sociedade					
Requisitos do cliente/governo					
Consciência dos impactos ambientais					
É necessário um consenso no sector sobre o SGA normalizado					
Cultura ambiental entre concorrentes					
Processo de documentação eficiente					
Legislatura e conformidade legal					
Desenvolver uma boa imagem					
Certificação ISO 14000					
Ganhar vantagem competitiva					
Melhorar o desempenho					
Partes interessadas que incentivam a estratégia ambiental					
Potencial para receber publicidade					
Reduzir o risco de críticas dos consumidores					
Pressão de grupos de defesa do ambiente					

(5: Mais significativo; 1: Menos significativo)

Factores de motivação internos	**nível**				
	1	2	3	4	5
Funcionários competentes em matéria de política de aprovisionamento/ambiente					

Desejo de gerir o risco económico					
Desejo de melhorar a qualidade					
Desejo de melhorar os valores do governo					
Valores dos gestores que melhoram a sua posição no cargo					
Participação dos trabalhadores					
Desejo de reduzir os custos					
Pressão dos investidores					

3.4 **.0. Desafios à incorporação de questões de sustentabilidade ambiental nos contratos de construção a nível distrital**

3.5 .1. Que desafios se colocam à incorporação de questões sustentáveis nos contratos públicos? (5: Mais significativos; 1: Menos significativos)

Desafios externos	**nível**				
	1	2	3	4	5
Falta de orientação/apoio governamental					
Falta de apoio dos fornecedores/contratantes					
Falta de formação à medida					
Volume de informação sobre sustentabilidade					
Diferenças linguísticas e culturais					
Falta de empenhamento dos fornecedores					
Normas de limitação					
O desejo dos contratantes de obter preços mais baixos					
Pressões da concorrência					
Falta de conhecimentos no sector					
Inibe a inovação					
Não querer trocar informações					
Fraco empenhamento do contratante/fornecedor					

Desafios internos	**nível**				
	1	2	3	4	5
Dificuldades em inserir questões ambientais numa proposta					
Falta de consenso sobre as normas electrónicas no sector					
Falta de apoio da equipa de gestão sénior					
Falta de apoio de outros funcionários e trabalhadores					
Falta de roteiro ou estratégia					
Falta de empenhamento da direção					
Outros objectivos de aquisição					
Capacidades dos contratantes					

Falta de conhecimentos/competências					
Limitações de recursos					
Processos fracos					
Comunicação deficiente					
Foco na redução de custos					
Os custos de implementação são demasiado elevados					
Os custos de melhoria são demasiado elevados					
Processos/procedimentos de documentação complexos					

Perda de vantagem competitiva					
Resistência dos trabalhadores					
Concentração na redução de custos em detrimento de práticas respeitadoras do ambiente					
falta de sensibilização dos contratantes					
Falta de formação					
Os métodos contabilísticos limitam a informação ecológica					
Pressão para baixar os preços					
Escassez de pessoal					
Falta de conhecimento sobre a forma de inserir as questões ambientais nos contratos					
Relutância em mudar as práticas tradicionais					
Conflito com o objetivo da assembleia					

3.4.2. Utilize este espaço para indicar qualquer outro desafio que considere não ser acima.

3.6 .3. Anexe uma cópia da política ambiental da sua organização, caso exista, quando devolver o questionário.

Tendência futura

5.1 Desde 2008, o governo do Gana recomendou a inclusão de questões sustentáveis nos contratos públicos. Considera que isto provocou uma mudança na contratação pública a nível distrital? (Por favor, assinale uma caixa)

Sem alterações ☐ Alteração insignificante ☐ Alteração moderada ☐

Alteração significativa ☐ Alteração importante ☐

5.2 . Por favor, mencione duas regulamentações ambientais actuais que conheça. a

b ....

5.3 . Que regulamentos ambientais tem cumprido? a .... [ ]

b ....[ ]

5.4 . Sugestões para melhorar as questões de sustentabilidade ambiental nos contratos no Gana a

[....]

b .... [ ]

5.5 Utilize o espaço abaixo para acrescentar comentários adicionais sobre a tendência nos contratos de construção.

Obrigado.

Muito obrigado pelo vosso tempo. As vossas respostas são muito apreciadas. Por favor, contacte Harold Adjarko emharoldadjarko@gmail.com ou ligue para 0543 719 709 se tiver alguma questão

Printed by Books on Demand GmbH, Norderstedt / Germany